Laser in der Materialbearbeitung
Forschungsberichte des IFSW

M. Wiedmaier
Konstruktive und verfahrenstechnische
Entwicklungen zur Komplettbearbeitung
in Drehzentren mit integrierten Laserverfahren

Laser in der Materialbearbeitung
Forschungsberichte des IFSW

Laser in der Materialbearbeitung
Forschungsberichte des IFSW

Herausgegeben von
Prof. Dr.-Ing. habil. Helmut Hügel, Universität Stuttgart
Institut für Strahlwerkzeuge (IFSW)

Das Strahlwerkzeug Laser gewinnt zunehmende Bedeutung für die industrielle Fertigung. Einhergehend mit seiner Akzeptanz und Verbreitung wachsen die Anforderungen bezüglich Effizienz und Qualität an die Geräte selbst wie auch an die Bearbeitungsprozesse. Gleichzeitig werden immer neue Anwendungsfelder erschlossen. In diesem Zusammenhang auftretende wissenschaftliche und technische Problemstellungen können nur in partnerschaftlicher Zusammenarbeit zwischen Industrie und Forschungsinstituten bewältigt werden.

Das 1986 begründete Institut für Strahlwerkzeuge der Universität Stuttgart (IFSW) beschäftigt sich unter verschiedenen Aspekten und in vielfältiger Form mit dem Laser als einer Werkzeugmaschine. Wesentliche Schwerpunkte bilden die Weiterentwicklung von Strahlquellen, optischen Elementen zur Strahlführung und Strahlformung, Komponenten zur Prozeßdurchführung und die Optimierung der Bearbeitungsverfahren. Die Arbeiten umfassen den Bereich von physikalischen Grundlagen über anwendungsorientierte Aufgabenstellungen bis hin zu praxisnaher Auftragsforschung.

Die Buchreihe „Laser in der Materialbearbeitung – Forschungsberichte des IFSW" soll einen in Industrie wie in Forschungsinstituten tätigen Interessentenkreis über abgeschlossene Forschungsarbeiten, Themenschwerpunkte und Dissertationen informieren. Studenten soll die Möglichkeit der Wissensvertiefung gegeben werden. Die Reihe ist auch offen für Arbeiten, die außerhalb des IFSW, jedoch im Rahmen von gemeinsamen Aktivitäten entstanden sind.

Konstruktive und verfahrenstechnische Entwicklungen zur Komplettbearbeitung in Drehzentren mit integrierten Laserverfahren

Von Dr.-Ing. Mathias Wiedmaier
Universität Stuttgart

 Springer Fachmedien Wiesbaden GmbH 1997

D 93

Als Dissertation genehmigt von der Fakultät für Konstruktions- und Fertigungstechnik der Universität Stuttgart

Hauptberichter: Prof. Dr.-Ing. habil. Helmut Hügel
Mitberichter: Prof. Dr.-Ing. Dr. h. c. Uwe Heisel

ISBN 978-3-519-06228-8   ISBN 978-3-663-12197-8 (eBook)
DOI 10.1007/978-3-663-12197-8

Die Deutsche Bibliothek – CIP-Einheitsaufnahme

Wiedmaier, Mathias:
Konstruktive und verfahrenstechnische Entwicklungen zur
Komplettbearbeitung in Drehzentren mit integrierten Laserverfahren /
von Mathias Wiedmaier. – Stuttgart : Teubner, 1997
  (Laser in der Materialbearbeitung)
  Zugl.: Stuttgart, Univ., Diss., 1997

Kurzfassung

Der Einsatz des thermischen Werkzeugs Laser in der industriellen Fertigung erfolgt heute weitgehend in eigenen, in die Fertigungslinie integrierten Anlagen, die speziell im Hinblick auf den mit dem Laserstrahl durchzuführenden Prozeß konzipiert werden ("Laser-only"-Maschinen). Nur vereinzelt wird indessen die Möglichkeit genutzt, die verschiedenen Laserstrahlverfahren mit anderen Technologien so zu kombinieren, daß die Prozesse in einer einzigen Maschine integriert durchgeführt werden. In der Vergangenheit waren Entwicklungen mit dieser Zielsetzung, die sich auf den Einsatz von CO_2-Lasern stützten, vor allem durch konstruktive Probleme der Strahlführung in den Bearbeitungsraum beeinträchtigt. Durch die heutige Verfügbarkeit von Festkörperlasern mit Leistungen bis zu einigen kW und den Vorteilen, welche die Strahlführung bei Wellenlängen um 1 µm mittels flexiblen Glasfasern bieten, ergeben sich jedoch neue Aspekte für die Konzeption und konstruktive Gestaltung von Maschinen und Anlagen. Dies ermöglicht, bisher nicht realisierbare Fertigungsstrategien zu entwickeln und in die Produktion einzuführen. So erlaubt beispielsweise die Kombination von spanenden Verfahren mit verschiedenen Laserverfahren in einer Werkzeugmaschine die vollständige Bearbeitung in einer Aufspannung. Daraus resultieren u.a. deutliche Vorteile wie die Reduktion des Materialflusses zwischen ansonsten separaten Fertigungsanlagen und damit einhergehend eine Verkürzung der Bearbeitungs- und Durchlaufzeiten sowie eine Erhöhung der Fertigungsqualität durch die Komplettbearbeitung in der gleichen Aufspannung.

Dieser Beitrag soll das fertigungstechnische und wirtschaftliche Potential der Integration von Lasern in Werkzeugmaschinen aufzeigen. Dazu werden unterschiedliche technische Lösungen für die Integration von Nd:YAG-Lasern in Fräs- und Drehzentren untersucht, wobei in beiden Fällen das Werkzeug Laserstrahl wie ein Standardwerkzeug eingesetzt und automatisch gewechselt werden soll. Für zwei Drehzentren wurden Versuchsanlagen realisiert. Laser-Applikationen zum Abtragen, Härten, Schweißen, Bohren und Beschriften an Fertigungsteilen aus verschiedenen Werkstoffen (Stahl St37, Ck45, 42CrMo4, Keramik Si_3N_4) wurden in einer Aufspannung kombiniert mit spanenden Bearbeitungen beispielhaft durchgeführt, um diese Technologien den spezifischen Merkmalen des Drehzentrums und den typischen Teilespektren anzupassen. Die wesentlichen Ergebnisse werden dargelegt sowie die wirtschaftlichen Aspekte einer Integration der Laserbearbeitung in Werkzeugmaschinen kurz erörtert.

Inhalt

Abkürzungen und Zeichen der wichtigsten Bezeichnungen

a	Bildweite
b	Breite, Breite Bearbeitungszone
A	Absorptionsgrad
A_R	Abtragrate
A_R (norm)	normierte Abtragrate
A_R (bez B)	auf Werkzeugbreite bezogene Abtragrate
A_R (bez F)	auf Werkzeugfläche bezogene Abtragrate
BAZ	Bearbeitungszentrum
e	Hauptebenenabstand
d	Strahldurchmesser
d_f	Fokusdurchmesser
C_p	spezifische Wärme
D	Wellen-, Aperturdurchmesser
E	Energie
f	Brennweite
F	Brennpunkt, Fläche
H	Hauptebene
HV	Vickershärte
I	Intensität
K	Strahlqualität
l	Länge
MhK	Maschinenstundenkosten
NA	numerische Apertur
Nd:YAG	Neodym : Yttrium-aluminiumgranat
P	Leistung
P_{ex}	exotherme Leistung
P_M	mittlere Leistung
P_P	Pulsspitzenleistung
P_W	Verlustleitung durch Wärmeleitung
R_Z	gemittelte Rauhtiefe DIN 4768
R_{max}	maximale Rauhtiefe DIN 4768
s	Blechdicke, Schweißtiefe
Si_3N_4	Siliziumnitrid
t	Zeit
t_P	Pulsdauer
T	Temperatur
v	Geschwindigkeit
b	Spurbreite
A, B, C, X, Y, Z	Bewegungsachsen von Bearbeitungsanlagen
r	radiale Strahlkoordinate
w	Strahlradius
w_f	Fokusradius
W_t	Wellentiefe DIN 4774
q	Strahlparameterprodukt
z	Koordinate in Strahlausbreitungsrichtung
z_R	Rayleighlänge
α	Winkel
β	Abbildungsmaßstab
κ	Temperaturleitfähigkeit
λ	Wellenlänge
π	Kreiskonstante Pi
ϱ	Dichte
θ	Strahldivergenzwinkel

1 Ausgangsposition

1.1 Einleitung

Seit Mitte der 80er Jahre hat die Materialbearbeitung mit Laserstrahlen einen größeren Markt-
anteil in verschiedenen Bereichen der Fertigungstechnik aufbauen und vergrößern können. Die
Vorteile des Lasers - gute Automatisierbarkeit, hohe Flexibilität, keine Kraftwirkung auf das
Werkstück und hohe Prozeßgeschwindigkeiten - haben vor allem dem Laserschneiden mit
1 bis 3 kW - Lasern in der 2-dimensionalen Blechbearbeitung, dem flexiblen und qualitativ
hochwertigen Beschriften und dem Laserschweißen zum Durchbruch verholfen.

Andere Verfahren, wie das Abtragen, Bohren, Härten oder Beschichten, haben bis heute eher den
Status einer Nischenanwendung im Bereich der automatisierten Massenfertigung, aber auch in der
hochwertigen Einzelfertigung und Reparatur. Hohe Investitionskosten einer Laseranlage und der
für die einzelnen Applikationen notwendige Automatisierungsaufwand für Spannmittel und
Handhabung erschweren die Einführung dieser Technologien unter Kostengesichtspunkten, wenn
alternative, eingeführte Techniken angewendet werden können, obwohl sehr oft die höhere
Flexibilität, Qualität oder Prozeßsicherheit für ein Laserverfahren sprechen.

Das notwendige technologische Wissen zu den Lasertechnologien ist bis heute im wesentlichen
nur bei den Laserherstellern, in den großen Konzernen der Automobil-, Luft- und Raumfahrt- und
Elektroindustrie mit eigenen Applikationslabors und in Forschungseinrichtungen vorhandenen,
nicht aber in den typischerweise mittelständisch strukturierten Betrieben, die Fertigungseinrich-
tungen produzieren und für die spezifischen Produktionsverfahren verantwortlich sind. Deshalb
sind die Laserverfahren (mit Ausnahme des Laserschneidens / Stanzen / Nibbelns) nicht mit vor-
oder nachgeschalteten Fertigungschritten verknüpft, sondern als "Stand-Alone" Stationen
eingesetzt.

Das eigentlich mögliche Potential eines Laserverfahrens zur Produktivitätssteigerung kann
allerdings erst in einer ganzheitlichen Sicht erschlossen werden: neben den Maschinenkosten
müssen auch die Fertigungszeit und -qualität als nicht-monetäre Größen mit berücksichtigt
werden. Während mit den bislang eingesetzten Verfahren eine strenge Aufgabenteilung und
Mehrstationenfertigung z.B. in Spanen, Schweißen/Löten und Wärmebehandlung mit den damit
verbundenen Materialflüssen, Werkstückhandhabungen und Mehrfachaufspannungen notwendig
ist, können mit Lasern entsprechende Verfahren in einem Bearbeitungszentrum direkt erfolgen -
diese Arbeit soll entsprechende Möglichkeiten aufzeigen. Da dadurch wie auch bei der Komplettbearbeitung Verfahren substituiert und in ihren Fähigkeiten erweitert werden, können wesentliche
Produktivitätssteigerungen erst erzielt werden, wenn die Fähigkeitsprofile der Fertigung bereits

im Konstruktionsprozeß berücksichtigt werden. Damit muß dann die Lasermaterialbearbeitung in eine Diskussion um eine (spanende) Komplettbearbeitung mit einbezogen werden.

1.2   Zielrichtung der spanenden Komplettbearbeitung

Die aktuelle Diskussion um geeignete Produktionsstrukturen wird von den Kundenwünschen nach mehr Varianten und Typen in höherer Qualität respektive Genauigkeit in immer kürzeren Produktlebenszeiten geprägt. Es wird versucht, die notwendige höhere Flexibilität der Fertigungssysteme durch eine Gliederung in dezentrale, teilautonome Organisationseinheiten zu erreichen. Die strenge Arbeitsteilung früherer Zeiten wird durch die Schaffung von Fertigungsinseln sich ergänzender Arbeitsstationen reduziert, innerhalb derer ganze Teilefamilien produziert werden können. Unterstützt wird dieses Konzept durch die technologische Integration innerhalb einer Arbeitsstation, was eindrucksvoll durch die zunehmenden Fähigheitsprofile von modernen Drehbearbeitungszentren durch die Übernahme der Funktionalität einer fünfachsigen Fräsmaschine verdeutlicht wird.

In diesem Umfeld wird Komplettbearbeitung als "vollständige und abgeschlossene Bearbeitung von Werkstücken in einem Arbeitssystem" [1] definiert und durch die "Ausführung mehrerer zusammenhängender Arbeitsschritte einer Prozeßkette durch eine Maschine oder Maschinengruppe" beschrieben. Bezogen auf Drehzentren wird der Begriff der Komplettbearbeitung auch enger umschrieben als "die vollständige Weichbearbeitung eines rotationssymmetrischen Werkstücks ... sowohl am Umfang als auch an beiden Planseiten ..., ein automatisches Umspannen des Werkstücks gegebenenfalls inbegriffen" [2].

Die benötigten Werkzeuge werden automatisiert aus Revolver- oder Umlaufspeichern zugeführt und eingewechselt, und eine Rückseitenbearbeitung wird durch ein Umspannen auf eine zweite Synchronspindel ermöglicht, so daß von einer Fertigung "in einer Aufspannung" gesprochen wird.

Durch die Weiterentwicklung der Schneidwerkstoffe (keramische Wendeschneidplatten, vollkeramische Stufenbohrer) können heute auch wärmebehandelte Werkstücke in einem Bearbeitungszentrum hartgedreht oder gefräst und gebohrt werden. Die dabei erzielbaren Qualitäten erreichen oder übertreffen die der Schleifbearbeitung, wobei Kostenvorteile von der geometrischen Komplexität der Bearbeitung abhängen [3], [4], [5], [6].

Durch die Integration von Laserverfahren wie Härten oder Schweißen wird die implizite Beschränkung des Arbeitssystems auf spanende Verfahren in Frage gestellt. Aktuelle Weiterentwicklungen der Hartbearbeitung mit dem Ziel einer Substitution des Schleifens als Endbearbeitung unterstützen darüberhinaus die Möglichkeit eines laserintegrierten Systems, das fertigbearbeitete, wärmebehandelte Werkstück als Ende der Prozeßkette zu betrachten.

1.3   Grundgedanken einer laserintegrierten Komplettbearbeitung

Die Ideen zur Integration eines Laserwerkzeugs in Bearbeitungszentren basieren auf der Zielrichtung der Komplettbearbeitung, eine technologische Integration zur flexiblen Produktivitätssteigerung umzusetzen.

Zwei erfolgreiche Bespiele aus dem Bereich der Blechbearbeitung stellen die Kombinationen

Bild 1   Einsatzmöglichkeiten anwendbarer Laserverfahren und Wechselwirkungsmechanismen in einer laserintegrierten Komplettbearbeitung.

Stanzen / Nibbeln / Laserschneiden und das mit dem Laserschweißen kombinierte Stanzpaketieren dar. Durch das Laserschneiden wurden die Nibbelanlagen in idealer Weise um ein schnelles und konturflexibles Werkzeug erweitert, während die Vorteile der konventionellen Bearbeitung - die schnelle Fertigung gerader Ausschnitte, präziser Bohrungen und Umformungen wie Sicken, Kiemen und Gewindedurchzüge - erhalten blieben und der Werkzeugbestand reduziert wurde. Beim Stanzpakettieren von elektrotechnischen Blechpaketen (Transformatoren, Spulen, Anker) wird mit Laser-Punktschweißen der Fügeprozeß direkt mit dem Stanzvorgang des Einzelblechs gekoppelt, so daß ein externes Sammeln und Verbinden der einzelnen Blechronden zu Paketen mit zusätzlichem Materialfluß und Vorrichtungen entfällt [7].

Mit zunehmender Verbreitung der Laserbearbeitung zeigten sich mögliche Laseranwendungen als der spanenden Bearbeitung vor-, zwischen- oder nachgeschaltbarer Bearbeitungsprozesse. Die speziellen Eigenschaften der heute verfügbaren Laserstrahlquellen, die Steuerbarkeit und Automatisierbarkeit der Verfahren und die kompakte Bauweise von Bearbeitungsoptiken haben dazu geführt, daß Laserverfahren mit den konventionellen Techniken der fünf Hauptverfahrensgruppen nach DIN 1910 konkurrieren. In **Bild 1** wird verdeutlicht, daß heute vor allem Verfahren zum

- Trennen,
- Fügen und
- Stoffeigenschaft ändern

für eine Kombination mit der spanenden Bearbeitung in Betracht gezogen werden können. Durch Verfahrensentwicklungen, auf die teilweise im Rahmen dieser Arbeit eingegangen wird, kann das Werkzeug Laser in vier Anwendungsverfahren als

- unterstützendes,
- ergänzendes,
- substituierendes oder
- zusätzliches Verfahren

in einem Bearbeitungszentrum eingesetzt werden. Im folgenden wird kurz dargestellt, inwieweit die

- bearbeitbaren Werkstoffe,
- möglichen Geometrien und
- Materialeigenschaften

durch den Einsatz von Laserverfahren erweitert werden können.

Neben den qualitativen Vorteilen einer Laserbearbeitung, die allerdings oft durch die zunächst höheren Investitionskosten bei oberflächlicher Betrachtungsweise nicht genutzt werden, können synergetische Vorteile entstehen bezüglich Zeit und Qualität. In einer Maschinenstundensatzrechnung werden lediglich die einer Arbeitsstation direkt zuordenbaren Zeitanteile monetär bewertbar.

Durch die skizzierte "Fertigung in einer Aufspannung" sind

- **reduzierte Materialflüsse,**
- **kürzere Hauptzeit,**
- **kürzere Durchlaufzeit,**
- **reduzierte Nacharbeitszeit und -aufwand und**
- **reduzierter Aufwand für Vorrichtungsbau und -verwaltung**

in Abhängigkeit von Machbarkeit, Stückzahlen, Bearbeitungsdetails und der vorhandenen Fertigungsumgebung zu erwarten.

1.3.1   Unterstützende Verfahren

Beim Heißzerspanen oder laser assisted machining (LAM) wird versucht, durch eine Erwärmung des Spanquerschnitts die Zerspanbarkeit (Reduzierung der Härte, Zugfestigkeit, Plastizität) zu verbessern. Gegenüber alternativen Wärmequellen wie induktive Erwärmung, Lichtbogen oder Plasmabrenner zeichnet sich ein Laserstrahl durch eine bessere Fokussierung und Lokalisierung sowie höhere Intensitäten und Aufheizraten aus. Anwendungsmöglichkeiten sind für verschiedene hochfeste Stahlsorten, Titan-Leichtmetallegierungen und Keramiken (insbes. Si_3N_4) nachgewiesen. Als Vorteile werden Standzeiterhöhungen des Schneidwerkstoffs, geringere Schnittkräfte und höhere Oberflächenqualitäten angegeben. Da es sich im wesentlichen um eine Optimierung von Dreh- und Fräswerkzeugen handelt, an die ein Laserwerkzeug angekoppelt wird und somit auch in seiner räumlichen Anordnung völlig anders eingesetzt wird wie bei den im folgenden skizzierten Verfahren, ist dieses Verfahren in dieser Arbeit nicht näher untersucht worden. Die laufende Optimierung keramischer Schneidwerkstoffe für viele Zerspanungsprobleme ermöglicht zudem oft eine Bearbeitung ohne Erwärmung. Diese Ausgrenzung soll allerdings keine Wertung der möglichen Anwendungsfälle sein, die sich vor allem bei Keramiken durch einen Ersatz der Schleifbearbeitung andeuten [8].

Auch das Verhalten der Spanbildung kann durch eine Erwärmung wie beim LAM beeinflußt werden. Laserunterstütztes Spanbrechen meint im Rahmen dieser Arbeit allerdings das Einbringen einer Sollbruchstelle oder Schwächung des Spanquerschnitts durch ein Laser-Abtragen oder Bohren. Für diese Prozesse kann ein sehr viel kleinerer und kostengünstigerer gepulster Laser eingesetzt werden im Vergleich zu den benötigten Multikilowatt-cw-Lasern beim LAM. Da die Position des Laser-Arbeitspunkts zeitlich und räumlich weitgehend unabhängig vom Eingriff des Drehmeißels ist und damit ein zusätzliches Werkzeug darstellt, wird das Spänebrechen im Rahmen dieser Arbeit berücksichtigt.

1.3.2   Ergänzende Verfahren

Abtragende Laserverfahren können die spanende Bearbeitung ergänzen, indem z.B. mit einem fokussierten Laserstrahl ein Werkzeug mit Abmessungen unter 100 µm angewendet werden kann. Strukturierungen und Texturierungen von Oberflächen können seit einiger Zeit mit Lasern vor allem schneller und detaillierter durchgeführt werden. Auch im Bereich der Beschriftung und Tiefbeschriftung (Gravur) werden mit Lasern Bearbeitungszeiten und -qualitäten erreicht, die mit mechanischen und elektrochemischen Verfahren (Fräsen / Gravieren, Nadeln, Ätzen, Erodieren) nicht möglich sind. Besonders hervorzuheben ist die Bearbeitungsmöglichkeit sehr harter Werkstoffe von gehärtetem Stahl oder Guß bis hin zu Hochleistungskeramiken.

Auch das Entgraten mit Laserstrahlen durch eine spezielle Prozeßführung des Laserspanens (s. Kap. 5.3) ergänzt den Verfahrensumfang eines Bearbeitungszentrums, ersetzt aber nicht die hochpräzise Zerspanung einer gratigen Kante zu einer Fase oder die integrale Bearbeitung durch Bürsten und ähnliche Verfahren.

Ein Einsatz des Laserschneidens zum Abtrennen sonst zu zerspanenden Volumens oder als ein Sägen mit geringer Spaltbreite kann ebenfalls eine Ergänzung darstellen. In einer speziellen Ausprägung wird ein Verfahren mit zwei kreuzenden Laserstrahlen als "Laser-Fräsen" propagiert [9].

1.3.3   Substituierende Verfahren

Unter Substitution ist der gleichwertige Ersatz der Zerspanung durch ein Trennen oder Abtragen mit dem Laserstrahl zu verstehen. Trotz umfangreicher Anstrengungen ist dieses Ziel für das - Abtragen mit dem sogenannten Laser-Caving [10] von Gesenken und Oberflächen bis heute nicht erreicht worden, da die Abtragleistung des Laserverfahrens zu gering ist. Erst in einer Kombination einer Schrupp/Schlichtberabeitung von Zerspanung und Feinabtrag in einem laserintegrierten Zentrum werden sich aussichtsreiche Bearbeitungsqualitäten und -zeiten erreichen lassen - dann ist das Laserverfahren jedoch ein ergänzendes Verfahren.

Die Möglichkeiten des Laserschneidens erfüllen dagegen eher den Anspruch einer Substitution. Während in der Blechbearbeitung das Laserschneiden nicht mehr wegzudenken ist, gibt es auch für das prismatische oder rotationssymmetrische Teilespektrum der Bearbeitungszentren Anwendungsmöglichkeiten beim Einbringen von Ausschnitten oder Durchbrüchen bei Wandstärken von einigen 0.1 mm bis zu mehreren Millimetern. Für die spezielle Bearbeitung von Rohren wurde auch schon ein laserintegriertes Drehzentrum aufgebaut, wobei Fräsoperationen durch Laser-

schneiden ersetzt werden können mit dem Vorteil einer geringeren Verformung (keine Schneid-
kräfte) und einer annähernd gratfreien Bearbeitung von austenitischem Stahl.

Ein sehr selten genutztes substituierendes Verfahrens ist das Laserbohren. Obwohl es bezüglich
Prozeßzeit und Ausfallsicherheit (z. B. Bohrerbruch) in Durchmesserbereichen unter 1 mm den
spanenden und erodierenden Verfahren deutlich überlegen ist, scheitert eine Anwendung meistens
an den Anforderungen und die Zylindrizität oder Durchmessertoleranz einer Bohrung. Einfache
Funktionen wie Entlüften, Schmieren oder Durchfluß könnten allerdings durch Laserbohrungen
erreicht werden.

1.3.4   Zusätzliche Verfahren

In diese Gruppe sind alle Verfahren des Fügens und der Stoffeigenschaftsänderung einzuordnen.
Für die Hauptanwendungen Laser-Schweißen und -Härten stellt sich die Frage, warum sie in ein
Bearbeitungszentrum integriert werden sollen, wenn sie auch in Laser-Only Anlagen eingesetzt
werden können. Es hat sich gezeigt, daß die qualitativen Vorteile des Laserverfahrens bei einer
separaten Bearbeitungsanlage oft nicht gegen die kostengünstigeren konventionellen Verfahren
ausgespielt werden können. Deshalb muß nach zusätzlichem Rationalisierungspotential gesucht
werden, das die Laserverfahren eventuell durch ihre Integrierbarkeit bieten.

Für die Verfahren des Laserbeschichtens ist die integrierte Anwendung eher direkt einzusehen, da
die erzeugten Funktionsflächen bearbeitet werden müssen. Das bisher gering verbreitete Prozeß-
wissen, die komplexen metallurgischen Zusammenhänge unter tribologischen und korrosiven
Gesichtspunkten und aufwendige Qualifizierungszyklen erschweren jedoch generell eine breitere
Einführung.

1.3.5   Hauptzeitparalleler Lasereinsatz

Ein weiteres Unterscheidungsmerkmal für die Einsatz- und gegebenfalls Rationalisierungs-
möglichkeiten ergibt sich durch eine hauptzeitparallele oder hauptzeitsequentielle Anwendung.
Einige der Laserverfahren können - wie in **Tabelle 1** aufgezeigt und in Kap. 5 näher untersucht -
insbesondere in Drehzentren mit mehreren Revolvern auch bei hohen Vorschubgeschwindigkeiten
angewendet werden.

In Fräszentren kann - solange die Schnittgeschindigkeit durch das Fräswerkzeug erreicht wird
und das Werkstück nur Vorschubbewegungen in der Größenordnung 1 - 1000 mm/min durch-

führt - mit einer separaten Handhabungseinrichtung des Laserwerkzeugs (z. B. ein Knickarmroboter der Teilezu- und -abfuhr) ebenfalls hauptzeitparallel gearbeitet werden.

Laserverfahren	Beurteilung einer hauptzeitparallelen Anwendung		
	Fräsen	Drehen	Kommentar
- Bohren	▲▲	●	zusätzl. Handhabungsachse für Laser
- Schneiden	▼▼	▼▼	nicht sinnvoll
- Strukturieren	▼▼	▲▲	Steuerungserweiterung
- Beschriften	▲	▲▲	Steuerungserweiterung
- Abtragen: Laserspanen mit Q-switch gepulst Entgraten	▼▼	▼▼ ▲ ● ▼▼	Steuerungserweiterung zusätzl. Handhabungsachse für Laser Programmiersystem
- Schweißen	▼	▼▼	nicht sinnvoll
- Härten: linear rotationssymme- trisch	▲▲ ▲▲ ▼	▲▲ ▼▼ ▲▲	zusätzl. Handhabungsachse für Laser
- Umschmelzen	▲	▲	zusätzl. Handhabungsachse für Laser
- Auftragschweißen	▼▼	▼▼	nicht sinnvoll

Legende:
hauptzeitparaller Laserprozeß ist:

▲▲	sehr leicht möglich
▲	leicht möglich
●	möglich
▼	nur bei speziellen Teilen denkbar
▼▼	nicht denkbar

Bewertungskriterieren: Verträglichkeit der Vorschub- und Schnittgeschwindigkeiten, Komplexität der Vorschubbewegungen, Empfindlichkeit des Laserprozesses gegen Kühlschmierstoffe und Späne

Tabelle 1   Beurteilung einer hauptzeitparallelen Einsatzmöglichkeit von Laserverfahren.

Ein hauptzeitparalleler Lasereinsatz in HSC-Zentren scheint durch die hohen Vorschubbewegungen des Werkstücks in wenigstens einer Achsrichtung nur schwer möglich zu sein. Dennoch ist insbesondere durch die kurzen Laserprozesse eine parallele Anwendung bei stillstehenden Werkstückachsen denkbar, wie es ja bei einer mäanderförmigen Flächenbearbeitung mit einer üblichen Portal- oder C-Gestell-Konfiguration der Fall ist, wenn die Werkstückaufnahme die X- und/oder Y-Achse beeinhaltet.

1.4   Entwicklung der Idee einer laserintegrierten Fertigung in Werkzeugmaschinen

Mit der industriellen Verbreitung des Laserschneidens wurden auch die ersten laserintegrierten Stanz/Nibbel-Maschinen vorgestellt [11], [12]. Die geometrische Flexibilität des punktförmigen, CNC-gesteuerten Werkzeugs Laserstrahl und die hohe Präzision und Geschwindigkeit der Stanzwerkzeuge bei sich wiederholenden Formelementen ergänzen sich in hervorragender Art und Weise bei der 2D-Blechbearbeitung zu einer schnelleren Fertigung mit drastisch verringerten Rüstzeiten und Werkzeugbeständen [13], [14]. Wegen der benötigten hohen Laserleistungen bis 3 kW (oxidfreies Schneiden bis 10 mm Blechstärke) werden bis heute CO_2-Laser eingesetzt, die bei der gegebenen typischen Anlagen-Konfiguration (C-Pressengestell, Blech wird bewegt) auch mit einer Freistrahlführung sehr einfach integriert werden können. Ebenfalls ausgehend vom Laserschneiden wurden ab ca. 1990 für die Blechbearbeitung flexible Fertigungsinseln aufgebaut, die sich durch eine intelligente Verknüpfung von Materialfluß, konsequentem Einsatz flexibler (Laser-)Techniken und computergestützter Arbeitsvorbereitung und Fertigung auszeichnen [15]. Dabei handelt es sich aber lediglich um durch den Materialfluß verknüpfte Stand-Alone-Anlagen.

Für den Prozeß der Heißzerspanung wurde versucht, konventionelle Wärmequellen wie Induktion, Plasmastrahl, Lichtbogen und Brennerflamme durch einen besser steuer- und lokalisierbaren Laserstrahl zu ersetzen [16], [17], [18], [19], [20]. Die zu Anfang mit CO_2-Freistrahlführungen ausgeführten Versuche, einen Laser in eine spanende Werkzeugmaschine zu integrieren, führten durch den zu großen Platzbedarf der Strahlführung mit mindestens zwei Freiheitsgraden für die Bewegungen des Supports immer zu einer fest installierten Lösung, ohne einen automatischen Wechsel zwischen Laserwerkzeug und Drehwerkzeug vorzusehen [21], [22]. In Bearbeitungszentren mit zwei Revolvern können bei ausschließlicher Nutzung des zweiten Revolvers für die Laserstrahlführung hingegen produktionstaugliche Lösungen für eine Heißzerspanung aufgebaut werden [23], [24], [8].

Andere Arbeitsgruppen propagierten, nur den Laserstrahl für eine abtragende oder trennende Bearbeitung einzusetzen. Schon 1978 wurde auf die gute Bearbeitungsmöglichkeit von Silizium-Keramiken durch direktes Laserabtragen hingewiesen [25], die auf einer zum LAM umgerüsteten Drehmaschine mit CO_2-Laser durchgeführt werden. Die Technik des Laser-Abtragens wurde von der Fa. Maho mit der LaserCav-Maschine aufgegriffen [26], bei der allerdings der Integration eines CO_2-Lasers alle Fräsfunktionen und das Werkzeugmagazin geopfert wurden. Unter dem Begriff des Laser-Machining wurde ein Laserschneiden mit mehreren sich kreuzenden Laserstrahlen vorgeschlagen, mit denen ein Drehen oder Fräsen durch ein Herausschneiden des Werkstoffs in Form von Scheiben, Ringen, prismatischen Körpern und Kegeln ersetzt werden sollte [27], [28], [29], [30]. Die aufwendige Anlagentechnik zur Führung von mindestens zwei Laserstrahlen führt auch hier zu Anlagen, die sich auf die Laserbearbeitung beschränken müssen, wenngleich die Arbeiten von Chryssolouris et al. nach der Verifizierung an Plexiglas mit der Bearbeitung von hochfesten Keramiken auch als Stand-Alone-Maschinen für diese Werkstoffgruppe eine Bearbeitungsalternative sind [9].

Der Grundstein zu den Ideen einer laserintegrierten Komplettbearbeitung wurde allerdings durch die Entwicklung von Hochleistungs-Festkörperlasern mit der Möglichkeit der Strahlführung über flexible Glasfasern gelegt. Die verfügbare Leistung dieser Festkörperlaser war mit denen der eingeführten CO_2-Laser bis 2000 W vergleichbar, durch gepulste Betriebsmodi standen darüberhinaus weitere Vorteile zur Verfügung (s. Kap. 3). Die Faserführung erlaubt neue konstruktive Möglichkeiten der Einbindung eines Laserbearbeitungskopfes in ein Fertigungssystem und entkoppelt Maschine und Strahlquelle von Relativbewegungen, Schwingungen und sonstigen Umgebungseinflüssen. Diese Möglichkeiten wurden in Japan und USA eindrucksvoll demonstriert:

- In Japan wurde für Reparaturschweißungen für Wärmetauscherröhren in Kernkraftwerken eine Einheit aus 2000 W Strahlquelle, Faserführung über 200 m und automatisiertem, selbstbeweglichem Miniaturschweißkopf entwickelt.

- In den USA wurde für Reparaturschweißungen und -beschichtungen ein System (mit japanischen Strahlquellen) zum Einsatz im Dock für U-Boote entwickelt. Anlagenkomponenten können ohne Ausbau kompletter Aggregate direkt im U-Boot mithilfe des von außen zugeführten Laserstrahls aufgearbeitet werden.

Nachdem damit abzusehen war, daß die konstruktiven Unzulänglichkeiten bei einer auf CO_2-Lasern freistrahlbasierten Integration auch für eine ganze Reihe von Werkzeugmaschinen elegant und platzsparend gelöst werden können, wurde das Thema der laserintegrierten Fertigung von einigen Forschergruppen aufgegriffen und mit unterschiedlichen Schwerpunkten verfolgt:

- Wolf [31] unterscheidet zwischen separaten Laserbearbeitungsanlagen (Stand-Alone) und Flexiblen Fertigungssystemen (FMS) mit integrierter Laserstation und ordnet ihnen die Eignung für entsprechende Teile- und Produktfamilien und ihre Stückzahlen zu. Fertigungszellen mit integriertem Laser können eine weitergehende Komplettbearbeitung durch eine Erhöhung der technologischen Geschlossenheit verwirklichen, wenn die hohen Investitionskosten reduziert werden, Time-Sharing-Betrieb ermöglicht wird und die Laserstrahlquelle mit durch mehrere Laser-Verfahren genutzt werden kann.

- Tönshoff [32] sieht insbesondere durch die speziellen Vorteile des Festkörperlasers beim Härten in der Verfahrensfolge Vordrehen/Härten/Schlichtbearbeitung in einer Aufspannung eine Drehmaschine mit integriertem Laserbearbeitungskopf prinzipiell als aussichtsreiches Maschinenkonzept an.

- Auch König [33] erkennt allgemein für die Laseroberflächenbehandlung die Möglichkeit der Laserintegration in Werkzeugmaschinen. Er unterscheidet als Einsatzfelder die Kombination von Laser- und konventionellen Prozessen (Schneiden/Stanzen), die Substitution und die Integration (Laser + Spanen = LAM). Im Labor kann auf mehrachsigen Traub-Drehzentren mit 1.5 und 5 kW CO_2-Lasern das LAM von Stählen und Keramiken [24] und die Oberflächenbehandlung im Rahmen einer Fertigungsfolge Drehen/Härten/Hartdrehen untersucht werden mit dem Ergebnis einer unzureichenden Eignung eines CO_2-Lasers zur Oberflächenbehandlung unter Produktionsbedingungen [34].

- Wätzig [35] argumentiert mit der Erhöhung der technologischen Geschlossenheit einer um das Härten erweiterten Komplettbearbeitung in Drehzellen. Nach umfangreichen Untersuchungen insbesondere auch der Strahlzuführung von CO_2- und Festkörperlasern mit automatischem Werkzeugwechsel wird ein Vierachsendrehzentrum mit einem 1 kW Festkörperlaser aufgebaut.

- Die Fa. Bruderer, Hersteller von Anlagen zum Stanzpaketieren von Elektroblechen, entwickelt ihre Anlage nach einer erfolgreichen Umstellung der Fügeverfahren von Blechronden zum Laserschweißen konsequent zur laserintegrierten Stanz/Paketieranlage weiter [7], s. Kap. 1.3.

- Die Fa. Traub integriert 1993 einen gepulsten 50 W Festkörper-Laser in ein dreiachsiges Drehzentrum mit zwei Revolvern zum Fein-Schneiden und Schweißen. Als produktionstaugliches System wird vom Laser nur ein Revolverplatz besetzt. Als Messedemonstration wird ein Szenario einer Komplettbearbeitung mit Drehen, Schneiden, Montieren und Schweißen realisiert [36].

- In einem vom Wirtschaftsministerium Baden-Würtemberg geförderten Projekt wird die Entwicklung der laserintegrierten Komplettbearbeitung zusammen mit einigen Zentrenherstellern und Anwendern vertieft. Neben der Verfahrensentwicklung wird die notwendige Kostenrechnung untersucht sowie die konstruktiven Integrationsvarianten bis hin zu Spindeldurchführungen entwickelt. Wesentliche Teile dieser Arbeit basieren auf den Ergebnissen dieses Projekts.

1.5   Aufgabenstellung dieser Arbeit

Es war das Ziel dieser Arbeit, die technische Machbarkeit einer laserintegrierten Komplett-bearbeitung darzustellen und die entstehenden Vorteile durch die Anwendung von Laserverfahren im Rahmen ihrer Grenzen innerhalb einer laserintegrierten Komplettbearbeitung und die resultie-renden notwendigen Berücksichtigungen bis in den Konstruktionsprozeß zurück aufzuzeigen. Die wesentlichen Laserbearbeitungsverfahren sollten an das Teilespektrums eines Drehzentrums angepaßt und beispielhaft angewendet werden.

Von besonderer Wichtigkeit erschienen die Nachweise, daß mit einer einzigen Strahlquelle verschiedene Laserverfahren durchgeführt werden können, daß mit den drei typischen Strahl-charakteriska cw, gepulst und Q-switch von Festkörperlasern mit Faserführung eine Optimierung der einzelnen Anwendungen erreichbar ist, und daß aus Maschinensicht ein Laserbearbeitungs-kopf als ein Werkzeug zu betrachten ist mit einer für die jeweilige Anwendung notwendigen Gestaltung, Auslegung und Voreinstellung.

Die Technik des LAM sollte dabei nicht berücksichtigt werden, ohne damit eine Wertung ob ihres Anwendungspotentials zu treffen: der Werkzeugaufbau ist für diese Technologie durch die Kopplung von Werkzeugschneide und Laserfokus grundlegend anders, die Anlage somit weniger für eine Komplettbearbeitung im Sinne von Kap. 1.3 geeignet. Der Umfang des LAM mit vielen zu berücksichtigenden Werkstoffen würde auch durch seine Nähe zur Zerspanungs- und Schneid-stoffentwicklung den Rahmen dieser auf der Entwicklung von Laserverfahren basierten Arbeit sprengen.

Diese Arbeit sollte nicht zuletzt einen bescheidenen Beitrag auch dazu leisten, die von einigen Marktstudien genannten Innovationsbremsen der Laseranwendungen - fehlende Wirtschaftlichkeit (37.3 %), Technische Probleme (32.3 %), Wissensbarrieren (25.5 %), unzureichende Unterstüt-zung (11,2 %) - für den Bereich der Hersteller und Anwender von zerspanenden Bearbeitungs-zentren mit Information und Neu- und Weiterentwicklungen etwas zurückzudrängen.

In Kapitel 2 wird dem Anlagenhersteller deshalb eine Einführung in grundlegende Zusammenhän-ge für die Auswahl von Strahlquellen. Strahlführung und -fokussierung und Auslegung von Fokussieroptiken geboten, die für die in dieser Arbeit dargestellten Lösung notwendig sind. In Kapitel 2.5 und 2.6 erhält der Anwender einen Überblick über die möglichen Materialbearbei-tungsprozesse und eine Darstellung über die wichtigsten Parameterbereiche der in der Arbeit betrachteten Verfahren als Stand der Technik erläutert.

Kapitel 3 begründet als Zusammenfassung der Grundlagen in einer Bewertungstabelle die Auswahl fasergeführter Festkörperlaser für diese Arbeit. Dem interessierten Leser wird so die Möglichkeit geboten, auch für seine spezifischen Randbedingungen die Auswahl zu überprüfen oder anzupassen.

Die bislang bekannten Integrationslösungen und die eigenen Konstruktionen werden in Kapitel 4 vorgestellt und mit den beispielhaften Verfahrensentwicklungen in Kapitel 5 die Machbarkeit demonstriert.

Die Kapitel 6 und 7 setzen sich sowohl kritisch mit den Realisierungsmöglichkeiten auseinander, wie auch Ansätze zur Wirtschaftkeitsbetrachtung gegeben werden. Dabei wird als Szenario oder Bewertungsskelett ein Einsparungspotential aufgezeigt, das im Anwendungsfall durch die Rahmenbedingungen der eigenen Fertigung verifiziert werden muß.

2 Grundlagen der Laserbearbeitung

Dieses Kapitel soll eine Einführung in die Laserbearbeitung metallischer Werkstoffe, insbesondere von Stahl und Gußwerkstoffen, geben. Die für die umrissenen Anwendungen hauptsächlich einsatzbaren Lasertypen werden kurz charakterisiert. Weiterführende Vertiefungen und Einführungen in die Laserphysik und in die Bearbeitung von Keramiken, Kunststoffen, Gläsern, Halbleitern und organischem Material können einigen Lehrbüchern entnommen werden ([37], [38]).

Auf einige der für das Verständnis der Laserwahl für die Integration und der für die verschiedenen Bearbeitungsverfahren wichtigen Merkmale wird speziell eingegangen:

- die Strahlqualität bestimmt die Fokussierbarkeit, Prozeßeffizienz und Positionierunempfindlichkeit eines Laserstrahls,
- die Art der Leistungsemission und Pulsbarkeit der verschiedenen Lasertypen qualifiziert sie für unterschiedliche Bearbeitungsaufgaben,
- aus der Steuerbarkeit der Laserquelle entstehen Anforderungen an Programmiersysteme und Steuerungen der Bearbeitungsanlagen,
- die Strahlführung und Fokussierung bestimmt die Konstruktion einer laserintegrierten Anlage.

2.1 Strahlquellen

Für die Bearbeitung von Metallen werden heute im wesentlichen drei Lasertypen mit unterschiedlichen Wellenlängen vom unsichtbaren Infrarot ($1 = 10.6$ µm und 1.064 µm) über den sichtbaren Bereich bis ins Ultraviolette ($1 < 0.4$ µm) eingesetzt, Bild 2. Durch die Wellenlänge wird nicht nur die Wechselwirkungscharakteristik mit dem Material bestimmt, sondern auch die erzielbare Strahlqualität und der Fokusdurchmesser hängt von dieser Größe ab. Die verschiedenen Strahlquellen weisen darüberhinaus unterschiedliche Betriebsarten hinsichtlich der Pulsdauern und der Pulsspitzenleistungen auf, die sie für bestimmte Bearbeitungsvarianten qualifizieren.

Die neuesten Strahlquellenentwicklungen - Laserdioden - werden in naher Zukunft sowohl direkt für die Bearbeitung als Einzeldioden oder Diodenarrays eingesetzt werden können. Als Pumplichtquelle für Festkörperlaser werden sie eine Verbesserung deren Strahlqualität und Leistung ermöglichen.

Laser für Verfahren mit hoher mittlerer Leistung

Lasertyp	CO2	Nd-YAG	Laserdioden [1]
Wellenlänge	10.6 µm	1.06 µm	0.75 - 1.5 µm
mittlere Leistung	0.01 - 40 kW	10 - 4000 W	1 - 20 W
Betriebsweise	cw, gepulst	cw, gepulst	cw, gepulst
Einsatzgebiet	Schneiden, Schweißen Oberflächenbearb.	Bohren, Schneiden, Schweißen	-
F+E	Al-Schweißen, Sensorik,, Strahlformung	Tiefschweißen, Oberflächenbearb., Vergleich zu CO2	Oberflächenbearb. Pumplichtquellen
Faserführung	Hohlleiter bis 500 W	Glasfaser 0.2 - 1 mm Ø	
Pulsspitzenleistung	(1 - 2) x Pcw	10 - 100 kW	(1 - 2) x Pcw

Laser für abtragende Bearbeitungen

Lasertyp	CO2	Nd:YAG	Excimer
Wellenlänge	10.6 µm	1.06 - 0.53 - - 0.35 - 0.26 µm	0.16 - 0.35 µm
mittlere Leistung	0.1 - 1000 W	0.1 - 500 W	10 - 1000 W
Betriebsweise	getastet, gepulst, Q-switch	cw, gepulst, Q-switch	gepulst
Einsatzgebiet	Strukturieren	Bohren, Beschriften, Strukturieren	Mikrobearbeitung, Beschriften,
F+E	Bearbeitung best. Keramiken	formgebendes Abtragen, Entgraten Mikrobearbeitung	selektive Bearbeitung von Schichtwerkstoffen
Fokus-Ø [2]	50 µm 100 - 300 µm	5 µm 50 - 300 µm	Auflösung [3] 0.35 - 1 µm
Pulsspitzenleistung	(1 - 2) x Pcw	10 - 100 kW	bis 100.000 kW

[1] als einzelne Dioden, mit Diodenarrays werden höhere Leistungen bis 400 W bei gleichbleibender Intensität erzielt

[2] beugungsbegrenzter Minimalwert bei einer F-Zahl von 3 und einer Strahlqualität von k=0.8, sowie in der Praxis angewendete Foki

[3] bei Excimerlasern wird meistens eine Maske abbgebildet

Bild 2   Überblick über Lasertypen und ihre Anwendungsgebiete.

CO_2-Laser:

Moderne CO_2-Laser regen das Lasergasgemisch (Helium, Stickstoff und Kohlendioxid) über eine Hochfrequenzentladung mit 13,6 MHz an im Gegensatz zu der zunächst üblichen und preisgünstigen Gleichstromentladung [37]. Dabei emittiert der Laser kontinuierlich die angegebene Nennleistung im sogenannten cw-Betrieb. Eine Reduzierung der Anregungsleistung und damit der Laserleistung ist nur bis typischerweise 70 % der maximalen Laserleistung möglich.

In der gepulsten Betriebsart wird die Anregungsenergie lediglich ausgeschaltet. Die Pulsspitzenleistung übersteigt nur geringfügig die mittlere Leistung des cw-Betriebs. In engen Grenzen kann durch Optimierung der Gasmischung und der Anregungspulse eine Pulsüberhöhung um den Faktor 2 bei Pulsdauern von 0.1 bis 1 ms erreicht werden. Der gepulste Betrieb bedeutet damit eine Reduzierung der mittleren Leistung.

Eine sehr schnelle und flexible Steuerbarkeit wird bei CO_2-Lasern durch die sogenannte getastete Hochfrequenzanregung realisiert. Dabei wird die Hochfrequenzleistung mit Frequenzen von 1 - 99 kHz moduliert. Die Laserleistung kann dieser Modulation je nach Gasmischung, Gasdruck und aktueller mittlerer Leistung nur bis max. 5 - 10 kHz folgen; diese Werte zeigen auch die gute Steuerbarkeit eines CO_2-Lasers. Bei hohen Tastfrequenzen kann durch ein Tastverhältnis als Quotient der Ein- zu Auszeiten der Tastfrequenz die mittlere Laserleistung damit in weiten Bereichen bis zu 5 - 10 % der Nennleistung reduziert werden bei einer quasi-cw ähnlichen Leistungsabgabe. Wird der Laser jedoch bei niedrigen Tastfrequenzen und Tastverhältnissen betrieben, wird eine gepulste Laserleistung entsprechend der Tastfrequenz emittiert. Dieser Effekt kann je nach Bearbeitungsprozeß genutzt werden.
Nach dem Einschalten von CO_2-Lasern hoher Leistung stabilisiert sich die Laserleistung und Strahlqualität bei ungeregelten Systemen erst nach einigen Sekunden.

Eine Sonderform stellen die TEA-CO_2-Laser (TEA - transversally excited, atmospheric pressure) dar. Bei dem imVergleich zu cw-Lasern hohen Druck des Lasergases kann nur für kurze Zeitdauern eine allerdings sehr hohe Anregungsenergie zugeführt werden. Dabei werden Pulse mit sehr hohen Spitzenleistungen von einigen MW bis in den GW-Bereich emittiert. Die Pulsdauer kann über die Gasmischung von 100 ns bis zu einigen µs eingestellt werden. Kleinere Geräte ohne Gasdurchflußkühlung können nur mit Repetitionsraten von einigen Hz, größere Geräte können mit einigen 100 Hz betrieben werden [39]. Das emittierte Strahlprofil mit annähernd konstanter Intensität wird typischerweise wie bei Excimerlasern über eine Maskenabbildung zur Materialbearbeitung eingesetzt, [40].

Festkörperlaser (Nd:YAG-Laser):

Heutige Festkörperlaser bestehen aus einem dotierten Kristall als Zylinder- oder Rechteckstab (Slab). Die Anregungsenergie wird durch Blitz- oder Bogenlampen mit 3 - 10 kW Leistung in einem reflektierenden doppelelliptischen Zylinder zugeführt. Mit einer Einheit - Kavität genannt - können rund 500 - 700 W Laserleistung erzeugt werden. Durch Aneinanderreihung mehrerer Kavitäten innerhalb des Resonators werden höhere Nennleistungen als Vielfache von 500 W bis zu 3000 W erreicht. Im Labor sind auch schon mit Laserdioden gepumpte Geräte bis zu Ausgangsleistungen von 1000 W realisiert [41] und mit niedrigen Leistungen auch industriell verfügbar [42].

Mit Bogenlampen angeregte Laser emittieren cw-Leistung. Durch Steuerung der Lampenleistung wird die mittlere Laserleistung zwischen ca. 2.5 %- 100 % der Nennleistung eingestellt. Durch eine Leistungsmessung am Resonator wird die Ausgangsleistung geregelt und Einschwingungvorgänge beim Ein-/Ausschalten oder Leistungsstufen unterdrückt. Die Regelbarkeit der Laserleistung ist nicht schneller als 1 kHz. Wird der cw-Laser bei sehr niedrigen Leistungen betrieben, tritt ein starkes Spiking (kurze Pulse hoher Intensität) auf.

Mit Blitzlampen angeregte Laser emittieren die Leistung gepulst mit Frequenzen bis zu 1 kHz. Typische Pulsdauern liegen zwischen 0.1 - 20 ms. Großer Vorteil der Nd:YAG-Laser ist die hohe Pulsüberhöhung im Gegensatz zu den CO_2-Lasern. Durch unterschiedliche Auslegung der Geräte können maximale Pulsspitzenleistungen bis über 50 kW bei kurzen Pulsdauern oder hohe Pulsenergien bei langen Pulsen erzeugt werden. Bei Geräten mit mehreren Kavitäten werden bis über 1000 W mittlere Laserleistung erzeugt. Zur Beschreibung des Parameterfelds eines solchen Lasers an der Leistungsgrenze (Bild 3) sind die mittlere Leistung, die Pulsfrequenz und die Pulsdauer notwendig. Einstellwerte sind Frequenz, Pulsdauer (bestimmt die Pulsenergie) und Lampenspannung (bestimmt die Pulsspitzenleistung). Mit diesen Einstellparametern wird die Leistungsgrenze in weitgehend linearen Zusammenhängen erreicht. Dabei gilt:

$$P_M = P_P \cdot f_P \cdot t_P \quad und \quad P_M = Q_P \cdot f_P \quad mit \quad Q_P = P_P \cdot t_P \tag{1}$$

Frequenz und Pulsdauer können im 1 kHz-Bereich angesteuert werden. Die Lampenspannung kann bei stromgesteuerten Leistungsteilen mit 3 %/s nur sehr langsam erhöht werden.

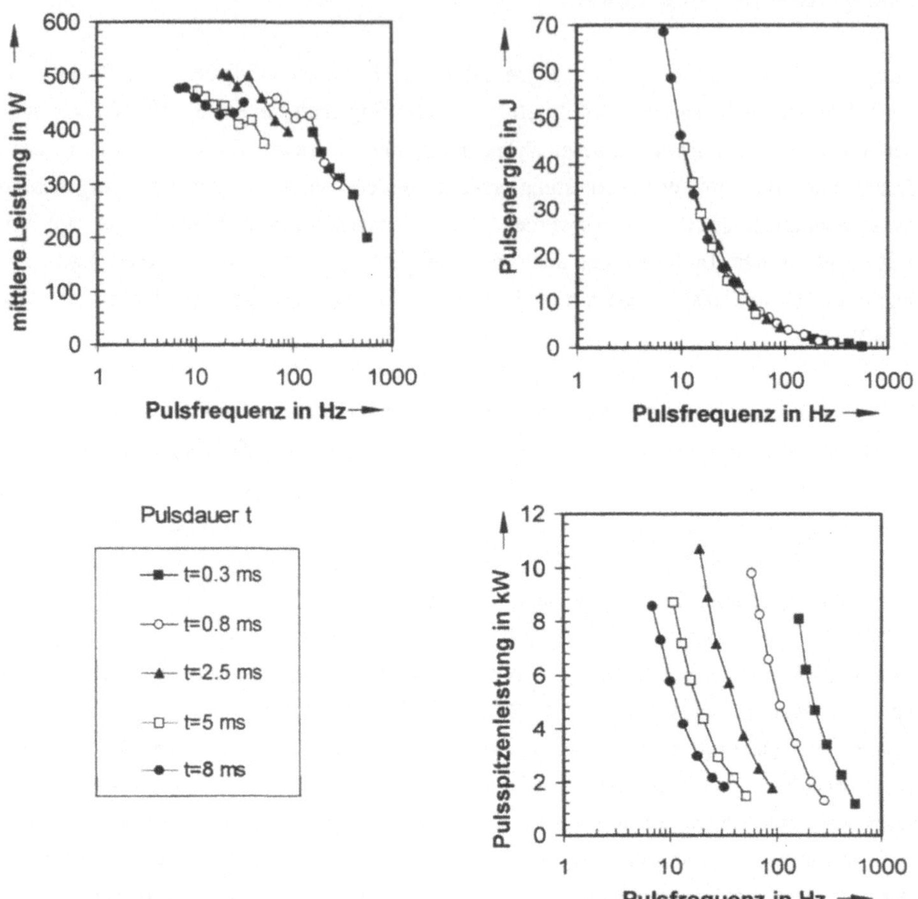

Bild 3   Parameterfeld eines gepulsten 600 W Nd:YAG-Lasers bei maximaler, mittlerer Leistung. Die einzelnen Kurven werden durch Variation der Lampenspannung und Anpassung der Pulsfrequenz an die Leistungsgrenze ermittelt.

Bei Q-switch oder gütegeschalteten Lasern werden durch einen schnellen optischen Schalter (0.5 - 99 kHz) im Resonator eines cw betriebenen Nd:YAG-Lasers kürzere Pulse (100 - 1000 ns) mit höheren Pulsspitzenleistungen im Vergleich zu gepulsten Lasern erzeugt. Mit diesen Zeitkonstanten kann der Laser damit auch ein- und ausgeschaltet werden. Bild 4 zeigt die typischen Parametergrenzen eines industriell eingesetzten Q-switch-Lasers.

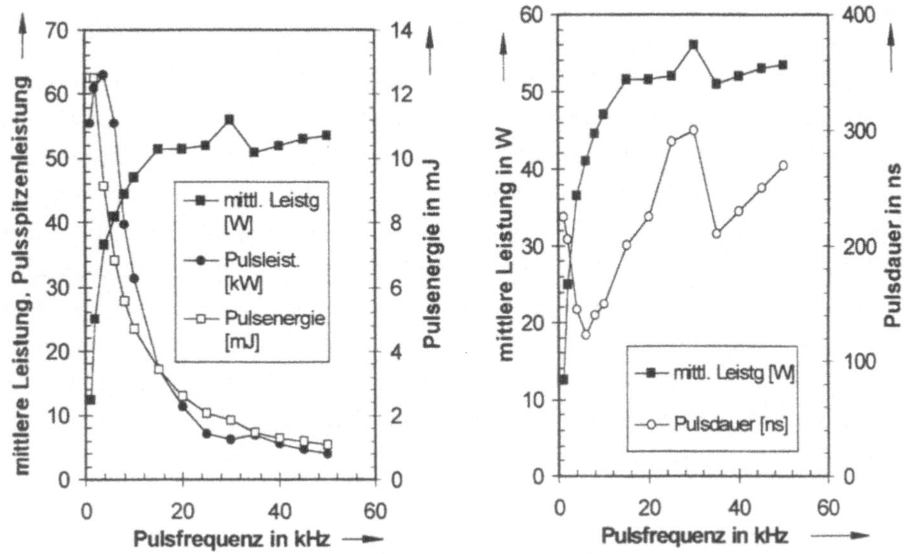

Bild 4   Typischer Verlauf von mittlerer Leistung, Pulsdauer, Pulsenergie und Pulsspitzenleistung eines Q-switch Lasers in Abhängigkeit von der Q-switch Frequenz.

Bei allen Festkörperlasern ist der Einschaltvorgang ähnlich. Um stabile Arbeitsbedingungen zu
gewährleisten, muß der Laser vor Strahlfreigabe zur Erwärmung des Laserkristalls einige Sekunden mithilfe eines Drehspiegels in einen Strahlsumpf "brennen". Während der Öffnung des
Drehspiegels (30 - 50 ms) wird die Pumpleistung kurz ausgeschaltet. Für die Programmierung
der Maschinensteuerung bedeutet dies also eine Totzeit von 50 ms, wenn nicht die wesentlich
schnelleren Möglichkeiten der Leistungssteuerung genutzt werden oder die Rückmeldung der
Lasersteuerung nicht berücksichtigt wird.

Excimer-Laser

Bei Excimer-Lasern wird die Wellenlänge der Laserstrahlung im UV-Bereich von 193 - 351 nm
durch die Befüllung mit verschiedenen Edelgasen und Halogenen gewählt. Durch die kurze
Wellenlänge und geringe Eindringtiefe können Kunststoffe, Halbleiter und Keramiken bearbeitet
werden und photochemische Prozesse initiiert werden. Für die angedachten Bearbeitungen der
Komplettbearbeitung ist dieser Lasertyp allenfalls für eine abtragende Bearbeitung mit Ab-
tragtiefen unter 1 μm oder für Beschriftungen geeignet .

Laser-Dioden

Durch die Anregung dotierter Halbleiterschichten mit elektrischem Strom emittiert eine dünne, typischerweise 1 µm dicke und mehrere 100 µm breite Schicht einen Laserstrahl mit sehr unterschiedlichen Strahlqualitäten in den beiden Hauptrichtungen. Ein einzelner Emitterstreifen erzeugt maximal 20 W Leistung. Höhere Diodenleistungen werden durch ein- und zweidimensionales Anordnen einzelner Streifen zu Arrays größerer Abmessungen erreicht. Neben der mittleren Laserleistung interessiert vor allem die maximale Leistungsdichte, die im wesentlichen die möglichen Prozesse charakterisiert. Für die direkte Anwendung von Laserdioden - ob über Glasfasern oder in einem freien Strahl - sind nach Bild 5 in den nächsten Jahren nur Härten, Umschmelzen und eventuell Feinschweißen bei Metallen möglich. Die Vorteile werden sich durch eine Kostenreduktion bei höherem Wirkungsgrad der Strahlerzeugung und -applikation und verringertem konstruktiven Aufwand für die Anwendung miniaturisierter Strahlquellen ergeben.

Lasertyp	mögliche Wechselwirkung	Anwendung	Vorteile
Einzeldiode	Erwärmen, Schmelzen	Löten, Markieren, Bearb. nicht-metallischer Werkstoffe	höhere Absorption mehrfach reduzierte Energiekosten Miniaturisierung
Diodenarray	Erwärmen, Schmelzen	Härten, Oberflächen-behandlung	höhere Absorption höherer Wirkungsgrad Diode als Werkzeug
dioden-gepumpter Festkörperlaser	Schmelzen und Verdampfen	Schweißen, Schneiden, Bohren, Abtragen	Strahlqualität, Prozeßwirkungsgrad Laserkosten

Bild 5   Zukünftige Einsatzgebiete für Laserdioden.

2.2   Strahlführung

Zur Strahlführung werden reflektierende Optiken (Kupferspiegel für CO_2-Laser, beschichtete Quarzglas- oder Bk7-Substrate für Nd:YAG-Laser), transmittierende Elemente (antireflexbeschichtetes ZnSe für CO_2-Laser, beschichtete Glassubstrate für Nd:YAG-Laser) und Fasern oder Hohlleiter eingesetzt.

Bei CO_2-Lasern werden wegen der relativ hohen Absorption von transmittierenden Elementen fast ausschließlich Spiegel eingesetzt. Für jeden Freiheitsgrad einer Bearbeitungsanlage muß dann eine Spiegelumlenkung vorgesehen werden, so daß translotarische oder rotatorische Achsbewegungen möglich werden und der Laserstrahl mitpositioniert wird. Solche Systeme sind relativ unflexibel und benötigten große Bauräume. Um diese Schwierigkeiten zu umgehen, wurden auch für CO_2-Laser Faserführungen entwickelt. Es existieren am Markt zwei Hohlleiter-Systeme, die eine faserähnliche Strahlführung über Strecken von 1 - 3 m ermöglichen [43], [44]. Große Leistungsverluste, Verschlechterung der Strahlqualität und einer hoher Preis verhinderten jedoch bis heute die industrielle Anwendbarkeit. Für geringe Leistungen bis ca. 10 W sind Fasern für medizinische Anwendungen einsetzbar.

Für den Wellenlängenbereich von 0.4 - 1.5 µm können diverse Glasfasern eingesetzt werden. Für den Nd:YAG-Laser als den wichtigsten Laser für diese Arbeit sind konfigurierte Fasersysteme mit Bruchüberwachung mit Durchmessern von 0.2 - 1.0 mm Stand der Technik. Die Belastungsgrenze wird bei 0.6 mm-Fasern zur Zeit mit 4000 W cw-Laserleistung noch nicht erreicht. Eine Faserführung weist konstante Ein- und Auskoppelverluste von je ca. 5 % auf. Die Absorption in der Faser ist bei den gebräuchlichen Längen von einigen 10 m vernachlässigbar. Ideal ist für diese Laser die Kombination von Faser- und Freistrahlführung, wenn bauraumoptimierte Integrationslösungen realisiert werden müssen.

Die numerische Apertur (NA) einer Faser gibt den maximalen Divergenzwinkel des einkoppelbaren Strahls an, damit in der Faser die Grenzwinkel der Totalreflektion nicht überschritten werden. Die numerische Apertur wird nur zu 50 % - 70 % ausgenutzt, um die Betriebssicherheit sicherzustellen.

Die zulässigen Biegeradien einer Faser ergeben sich aus der mechanischen Belastungsfähigkeit zur Vermeidung eines Bruchs und des Grenzwinkels der Faser zur Vermeidung eines Strahlaustritts oder hohen Leistungsverlusten. Üblicherweise ist der Grenzwinkel der Faser das limitierende Kriterium, so daß bei den für Hochleistungs-Festkörperlaser verwendeten Fasern Biegeradien unter 100 - 150 mm vermieden werden müssen. Daraus ergibt sich ein sicherer minimaler Biegeradius mit 300 mm.

Bei den Glasfasern werden Stufen- und Gradientenindexsysteme unterschieden je nach Gestaltung der Brechungsindexverteilung im Innern der Faser. Stufenindexfasern homogenisieren den eingekoppelten Laserstrahl in der Art und Weise, daß am Faserende eine konstante Intensitätsverteilung und die Divergenz des eingekoppelten Strahls vorliegt [1]. Gradientenfasern bündeln den Strahl so, daß am Faserende eine gaußähnliche Intensitätsverteilung mit einem Strahldurchmesser kleiner als der Faserdurchmesser und der Divergenz des eingekoppelten Strahls vorliegt. In eine Gradientenfaser gleichen Durchmessers muß allerdings mit einem kleineren Fokus und damit höherer Divergenz eingekoppelt werden oder eine größere Faser verwendet werden. In der Praxis bedeutet dies, daß mit den entsprechenden Sicherheitsfaktoren bei der Einkopplung die erreichbare auskoppelbare Strahlqualität bei einem optimierten Gradientenindexsystem besser ist. Da bei einer Fokussierung nach der Faser de facto die Intensitätsverteilung und der Durchmesser am Faserende auf das Werkstück abgebildet wird, entscheidet die Eignung dieser spezifischen Intensitätsverteilungen für eine bestimmte Applikation [2] und der Preis über die Auswahl. Wegen der aufwendigen und empfindlichen Einkopplung und hohen Kosten der Gradientenfaser werden bislang fast ausschließlich Stufenindexfasern eingesetzt.

Zur vollständigen Beschreibung einer Faserführung zum Vergleich verschiedener Angebote oder Auslegung einer Fokussieroptik gehören also
- die Art der Faser,
- der Faserdurchmesser **w**,
- die **numerische Apertur der Faser** - NA - und
- **der Divergenzwinkel** θ **bzw. Strahlparameterprodukt** $w \cdot \theta$ **des eingekoppelten Strahls.**

Eine Polarisation des Laserstrahls wird von diesen Fasern nicht erhalten.

---

[1]   bei mehrfach starker Krümmumg nähert sich Divergenz des ausgekoppelten Strahls an die NA der Faser an

[2]   solche Untersuchungen am Beispiel des Schweißens sind erst Gegenstand aktueller Forschungsthemen

2.3   Strahlqualität und -propagation

Neben der Wellenlänge, Leistung und Beschreibung der zeitlichen Leistungscharakteristik ist für den Vergleich von unterschiedlichen Lasertypen, oder auch am Markt konkurrierenden Modellen gleichen Typs und Leistung, die Strahlqualität ein wesentliches Kriterium.

Das Strahlparameterprodukt als absoluter Wert bzw. als Konstante bei der Erzeugung und Propagation eines Laserstrahls ist das Produkt aus dem Divergenzwinkel des Laserstrahls und dem Durchmesser der Strahltaille (s. auch Bild 6 S. 36):

$$q = \frac{\theta \cdot d}{4} = const. \tag{2}$$

Strahltaillen treten im Laserstrahl innerhalb oder nach dem Resonator, in Teleskopen oder im Fokus eines Laserstrahls auf..

Die Strahlqualität wird durch die Kennzahl M^2 bzw. K [3] als relative Größe zur maximal möglichen Strahlqualiät für Laser gleicher Wellenlänge angegeben:

$$K = \frac{1}{M^2} \;;$$
$$K \leq 1$$
$$K = 1 \; bei \; beugungsbegrenzter \; Strahlqualität \tag{3}$$

$$q = \frac{1}{K} \cdot \frac{\lambda}{\pi} \tag{4}$$

Das Strahlparameterprodukt q hängt zum einen von der Auslegung des Laserresonators ab, zum anderen ist es durch die Wellenlänge des Lasers gegeben. Tabelle 2 gibt einen Überblick über den Stand der Technik mit den Kennzahlen der besten Industrielaser der für die betrachteten Verfahren zur Diskussion stehenden Lasertypen.

Um die Strahltaille eines fokussierten weitet sich ein Laserstrahl näherungsweise hyperbolisch nach (5) auf. Formel (5) sagt dazu aus, daß die Aufweitung umso geringer ausfällt, je größer der Taillen- oder Fokusdurchmesser, je kürzer die Wellenlänge und je besser die Strahlqualität ist.

---

[3]   es haben sich hierfür die Begriffe "K-Zahl" und "m-Quadrat" eingebürgert

$$d(z) \; = \; d_f \cdot \sqrt{1 + \left(\dfrac{\lambda \cdot z}{\pi \cdot K \cdot w_f^2}\right)^2} \tag{5}$$

Große Strahldurchmesser erlauben eine geringe Aufweitung bei einer Propagation innerhalb eines gegebenen Durchmessers, z. B. eines Führungsrohres. Kleine Fokusdurchmesser erzielt man dagegen nur mit sehr großen Öffnungswinkeln einer Fokussieroptik.Es ist zu beachten, daß sich der in (5) angegebene Durchmesser d(z) auf einen Leistungsinhalt von 86 % des gesamten, theoretisch unendlichen Strahlradius bezieht. Für die Auslegung von Strahlführungssystemen sind einige Richtwerte für die Dimensionierung von Schutzrohren, Spiegeln, Linsenfassungen und Blenden zu beachten, um nicht zu viel Laserleistung zu absorbieren oder Beugung zu verursachen (Tabelle 2). Diese Sicherheitsfaktoren resultieren aus den in Abhängigkeit von der Strahlqualität unterschiedlichen Intensitätsverteilungen über den Strahldurchmesser.

Laser	CO_2 1000 W	CO_2 5000 W	Nd:YAG 100 W	Nd:YAG 2000 W
Strahlqualität K	0.7	0.3	0.1	0.011
Strahlparameterprodukt $\dfrac{\lambda}{K\cdot\pi}$ [$mm{\cdot}mrad$]	4.8	11.2	3.4	30.7
Sicherheitsfaktor Apertur- / Strahldurchmesser	2	1.5	1.3	1.25

Tabelle 2   Richtwerte zur Dimensionierung von Laserstrahlaperturen in Strahlführungen und Fokussieroptiken (die angegebenen K-Zahlen sind Spitzenwerte).

2.4   Fokussierung und Strahlformung von Laserstrahlen

2.4.1   Allgemeine Grundlagen zur Fokussierung

Da das Strahlparameterprodukt auch bei einer Fokussierung erhalten bleibt, kann aus (1)-(3) der Fokusdurchmesser berechnet werden. Als Divergenzwinkel wird dabei zur Charakterisierung der Fokussieroptik die F-Zahl verwendet als Quotient aus Brennweite der Optik und dem Strahldurchmesser auf ihr:

$$F \; = \; \frac{f}{D} \tag{6}$$

Der erreichbare Fokusdurchmesser ergibt sich aus der Wellenlänge, der Strahlqualität und der F-

Zahl der Optik, wenn das fokussierende Element in einer Strahltaille liegt, zu:

$$d_f = 4 \cdot \frac{\lambda}{\pi} \cdot \frac{f}{D} \cdot \frac{1}{K} = 4 \cdot \frac{\lambda}{\pi} \cdot \frac{F}{K} \tag{7}$$

Um den Fokus zu verkleinern, kann man also

- eine Optik mit einer kleineren F-Zahl oder
- einen Laser mit einem kleineren Wert $\dfrac{\lambda}{K}$ verwenden (vgl. Tabelle 2).

Im allgemeinen Fall muß die Lage außerhalb der Strahltaille berücksichtigt werden:

$$d_f = d_0 \frac{f}{\sqrt{(z-f)^2 + z_{R0}^2}} \tag{9}$$

Die Lage des Fokus verschiebt sich dann:

$$\Delta f = z_i - f = \frac{(z-f) \cdot f^2}{(z-f)^2 + z_{R0}^2} \tag{10}$$

K-Zahl	K > 0.5	0.1 < K < 0.5	K < 0.1
Laserbeispiel	1000 W CO_2 25 W Nd:YAG	5000 CO_2 100 W Nd:YAG	20 kW CO_2 2000 W Nd:YAG
F-Zahl mit einfachen Optiken	9	4	2.7
F-Zahl mit λ-korrigierten Achromaten (2 Linsen)	6	3	2.2

Tabelle 3 Konservative Anhaltswerte für die Wahl der F-Zahl in Abhängigkeit von der Strahlqualität.

Eine Verkleinerung der F-Zahl ist nur bis zu von der Strahlqualität abhängigen Grenzen möglich. Bei Unterschreitung dieser Grenzen nehmen Abbildungsfehler so stark zu, daß die Fokussierung verschlechtert wird, da z.B. sphärische Linsen nur für paraxiale Strahlengänge vernachlässigbare Abbildungsfehler höherer Ordnung bieten. Tabelle 3 gibt einige Anhaltswerte an. F-Zahlen um 1 können nur bei niedrigen Leistungen z. B. als Mikroskopoptiken für Mikrobearbeitung eingesetzt werden.

Mit einer stärkeren Fokussierung wird auch die Tiefenschärfe (Rayleigh-Länge) des Laserfokus reduziert:

$$z_{Rf} = d_f \cdot F = d_f^2 \cdot \frac{1}{4 \cdot q} = \frac{d_f}{2 \cdot \theta_f} = \frac{4 \cdot \lambda \cdot F^2}{\pi \cdot K} \tag{11}$$

Die Tiefenschärfe markiert eine Zunahme des Fokusdurchmessers auf den $\sqrt{2}$- fachen Wert (Verdopplung der Fläche, Halbierung der Intensität). Dieser Wert charakterisiert die Positionierempfindlichkeit in z-Richtung des Laserstrahls je nach Applikation und Bearbeitungsgeometrie.

2.4.2   Spezielle Darstellung für fasergeführte Laserstrahlen (Stufenindex-Fasern)

Nach einer Glasfaser hat der Laserstrahl keine unendliche Ausdehnung mehr wie durch die Gauß'sche Intensitätsverteilung beschrieben. Es können dennoch mit für die Praxis ausreichender Genauigkeit je nach Anwendungsfall sowohl die Gesetze der geometrischen wie auch der Gauß'schen Optik angewendet werden, da die Glasfaserführung einen festen Ausgangspunkt darstellt (Bild 6). Im Gegensatz zur Freistrahlführung ist damit **die Lage der Strahltaille und der Strahldurchmesser ausreichend genau bekannt.**

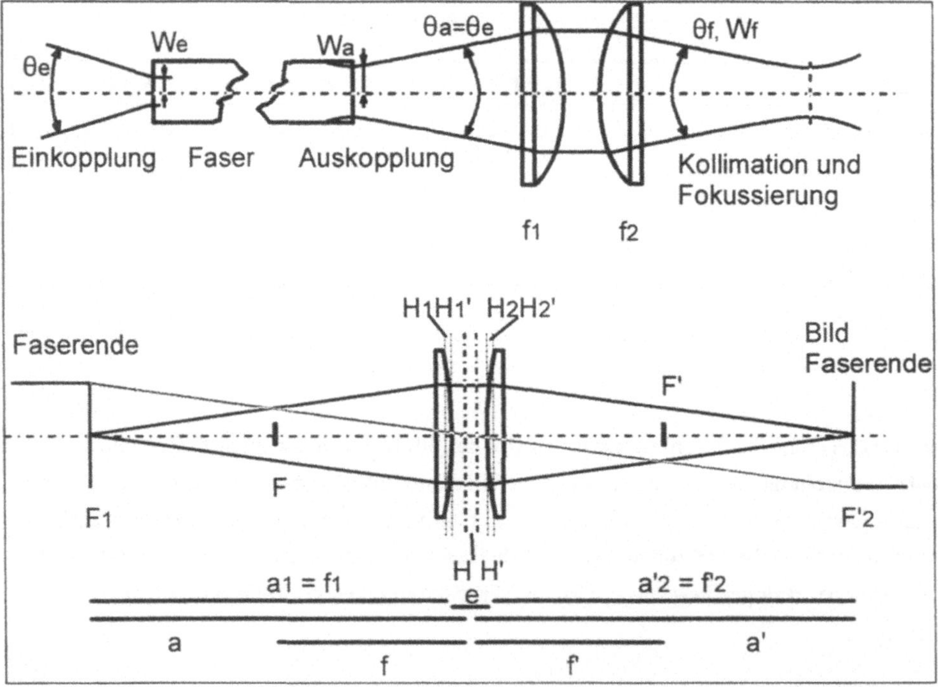

Bild 6   Faserein- und -auskopplung in der Darstellung als Strahltaillen und Divergenzwinkel (hier als Halbwinkel) von Laserstrahlen und als geometrische Abbildung des Faserendes.

Am Glasfaserende liegt eine ebene Intensitätsverteilung vor. Der Divergenzwinkel des austretenden Strahls ist von der Einkopplung her bekannt. Mit der Aufweitung des Strahls verändert sich die Intensitätsverteilung zu einem gaußähnlichen Profil. Die Transformation - ebene Intensitätsverteilung in der Taille und gaußähnliche Verteilung außerhalb der Taille oder Bildebene - findet sich auch nach der Abbildung bzw. Fokussierung wieder. Zur Modellierung dieses Verhaltens gibt es bislang keine analytische Ableitung, sondern nur Ergebnisse von Ray-Tracing-Methoden. Für die Intensitätsverteilung außerhalb des Fokus wird deshalb im Rahmen dieser Arbeit eine cosinus-förmige Intensitätsverteilung angenommen (13, 17), die sowohl die Bedingungen eines endlichen Strahlradius einhält wie auch eine für die Praxis ausreichende Übereinstimmung mit Strahlmessungen bietet.

$$I(r,z) \; = \; I_0 \cdot \frac{\pi}{2} \cdot \cos \left(r \cdot \frac{\pi}{2 \cdot w(z)} \right); \quad 0 \le \left(r \cdot \frac{\pi}{2 \cdot w(z)} \right) \le \frac{\pi}{2}$$

$$I_0 \; = \; \frac{P}{\pi \cdot w(z)^2}$$

(13)

Mit der Annahme, daß die Strahltaille des austretenden Strahls in der Ebene des Faserendes liegt [4], kann Formel (5) angewendet werden. Dann kann auch die Propagation des Strahls mit weiteren Linsen im Strahlengang durchgerechnet werden. Ergänzend kommt noch die Information der geometrischen Optik hinzu, mit der die Abbildung des Faserendes (der Intensitätsverteilung) durchgerechnet werden kann. Zur Einführung und Vertiefung können z.B. die Standardwerke [45] und [46] herangezogen werden.

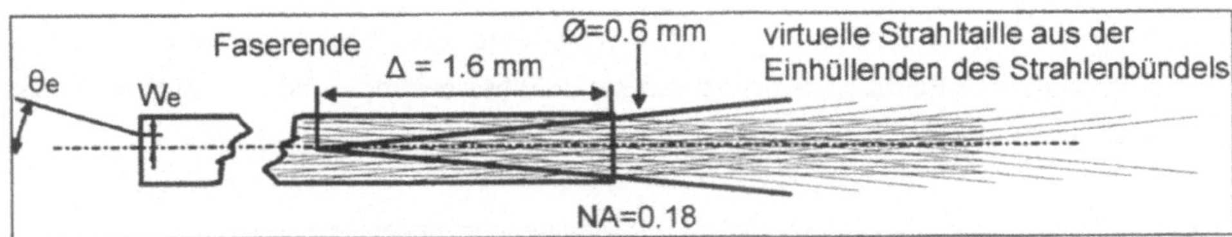

Bild 7   Skizze zu den möglichen Ausgangspunkten des Strahlbündels am Ende einer Faser, siehe auch Fußnote (4).

---

[4]   Aus den geometrischen Verhältnissen des austretenden Strahlenbündels könnte man auch eine im Innern der Faser liegende "virtuelle Strahltaille" als Schnittpunkt der einhüllenden Strahlen ableiten , Bild 7. Diese Verschiebungen sind jedoch mit 1 -3 mm gegenüber den Fertigungstoleranzen von Linsen im weiteren Strahlengang (2 % der Brennweite = 6 mm bei einer 2:1 Optik) vernachlässigbar.

In der Praxis verwendete Fokussieroptiken teilen die Fokussierung in eine Kollimation (Abbildung nach unendlich) und eine Fokussierung (eine Abbildung des im Unendlichen liegenden Objekts) auf. Bei richtiger Justage und parallelem Strahlengang zwischen den beiden Linsen gilt dann:

$$\beta = \frac{f_2}{f_1} = \frac{NA_2}{NA_1} \; ; \quad d_f = \beta \cdot d_{Faser} \tag{14}$$

$$\acute{\beta} = \frac{f}{f-a} \; ; \quad \acute{f} = \frac{\acute{f_1} \cdot \acute{f_2}}{\acute{f_1} + \acute{f_2} - e} \; ; \quad a = a_1 + e \cdot \frac{f}{f_2} \; ; \quad \acute{a} = \acute{f}(1-\beta) \; ; \quad \acute{a}_2 = \frac{e \cdot \acute{f}}{\acute{f_1}} + \acute{a} \tag{15}$$

Die Bildebene und der Fokus sind dann theoretisch identisch. Durch die Abbildungsfehler bei den für Hochleistungslaser verwendeten niedrigen F-Zahlen tritt allerdings eine Fokusverschiebung auf, da dann die Grenzen der paraxialen Näherung der geometrischen Optik überschritten sind. Außerhalb der Abbildungsebene wird das Bild - die Intensitätsverteilung des Faserendes - unscharf.

Durch Verschiebung des Faserabstandes zur ersten Linse und den Abstand der beiden Linsen kann der Abbildungsmaßstab und die Fokuslage zusätzlich eingestellt werden. Die notwendigen Zusammnehänge werden durch (15) erfaßt und sind zur Veranschaulichung in Bild 8 an Fallbeispielen verdeutlicht.

Durch solche Maßnahmen kann mit wenigen Brennweitenkombinationen ein großer Einstellbereich im Sinne eines Baukastensystems abgedeckt oder bearbeitungs- und werkstückspezifische Anpassungen ("Einrichten") ermöglicht werden.

Obige Formeln können durch zusätzliche Randbedingungen eingeengt werden:
- Gesamtlänge und maximaler Durchmesser der Optik,
- Linsenabstand e,
- zulässige F-Zahl,
- freie Apertur,
- Mindestabstand der letzten Linse vom Bearbeitungsprozeß,
- minimaler Strahldurchmesser auf einem optischen Element (Zerstörschwelle des Substrats oder der Beschichtung).

Ausgangsoptik: 1:1 Abbildung, 2 Linsen f=100 Ø 30,
NA=0.09, F=5.55, Faser 1 mm 10 fach
vergrößert dargestellt

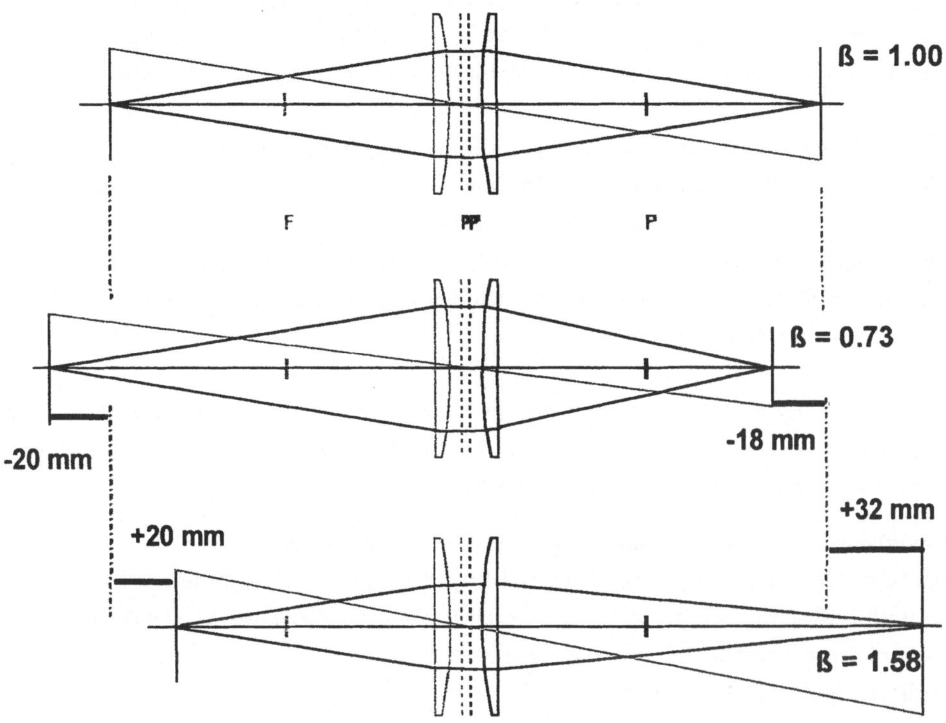

Bild 8 Veränderung von Abbildungsmaßstab und Fokuslage durch Verschiebung der Faserendes; die Darstellung ist nicht maßstabsgerecht.

Für die maximale Verkleinerung ergibt sich aus zulässiger F-Zahl, der Strahlqualität des Lasers und der numerischen Apertur der Faser für eine Fokussierung nach (14):

$$\beta_{min} = 2 \cdot F_{min} \cdot NA_{Auskopplung} \; ;$$

$$wobei \; NA_{Fokussierung} = \frac{1}{2F}, \; wenn \; für \; kleine \; Winkel \; \alpha \; \sin\alpha = \tan\alpha \; gilt.$$

$$\textit{Beispiel: 2:1 Abbildung}$$

$$\beta_{min} = 0.5 \; ; \quad F_{min} = 2.7 \; ; \quad NA_{Auskopplung} = 0.18 \tag{16}$$

Damit gilt auch bei fasergeführten Lasern, daß der minimale Fokusdurchmesser von der Strahlqualität direkt abhängt. Das in (16) mit aufgeführte Beispiel zeigt eine 2:1 abbildende Optik als den derzeitigen Stand der Technik für einen Hochleistungs-Festkörperlaser mit guter Strahlqualität.

2.4.3 Strahlformung in der Wechselwirkungszone

Als Strahlformung werden Maßnahmen verstanden, die die Form und Intensitätsverteilung des Laserstrahls im Bearbeitungspunkt an die Bearbeitungsaufgabe anpassen - für das Härten wird zum Beispiel eine rechteckige Form mit einer Intensitätsüberhöhung an den Flanken gewünscht.

Einfache Möglichkeiten ergeben sich durch die Überlagerung zweier oder mehrerer Laserstrahlen. Eine Homogenisierung der Intensitätsverteilung und Strahlformumg ist durch Kaleidoskope möglich. Mit Facettenspiegeln kann auch eine bestimmte Intensitätsverteilung für einen speziellen Bearbeitungsfall eingestellt werden. Eine flexible Formung ist mit Scanneroptiken möglich [47], [48]. Speziell für die Festkörperlaser können auch Bausteine der Glasoptik wie Axikonlinsen oder Faserstäbe verwendet werden [49].

In Drehzentren mit rotationssymmetrischen Teilen kann als Spezialfall die Oberflächenorientierung zum Laserstrahl und hohe Drehzahlen zu einer Strahlformung insbesondere für das Härten genutzt werden. Hierauf wird im folgenden detailliert eingegangen.

Räumliche und zeitliche Strahlformung bei schneller Rotation:
Die Form einer Welle kann in engen Grenzen berücksichtigt werden, um die Intensitätsverteilung an den Prozeß anzupassen, s. Kap. 2.5. Bei geeigneter Wahl von Defokussierung und Offset (Bild 9) wird die einfallende Intensitätsverteilung durch den unterschiedlichen Einfallswinkel am Wellenumfang und die resultierende Flächenverzerrung in eine resultierende Intensitätsverteilung transformiert. Je nach eingesetztem Laserstrahl (Wellenlänge, Polarisation) muß auch der vom Einfallswinkel abhängige Absorptionsgrad berücksichtigt werden. Bei fasergeführten, nicht polarisierten Nd:YAG-Laserstrahlen wirkt sich dieser Winkel, im Vorgriff auf Kap. 2.5, auf den Absorptionsgrad praktisch nicht aus, jedoch aber die Flächenverzerrung auf der Wellenoberfläche.

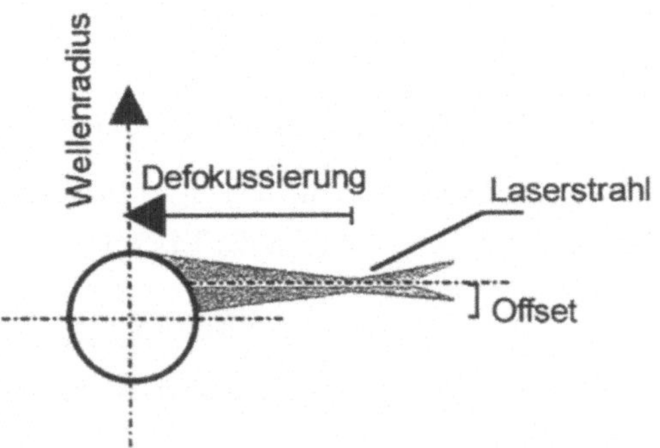

Bild 9 Zur Erläuterung der räumlichen Strahlformung bei rotationsymmetrischen Teilen oder schneller Rotation.

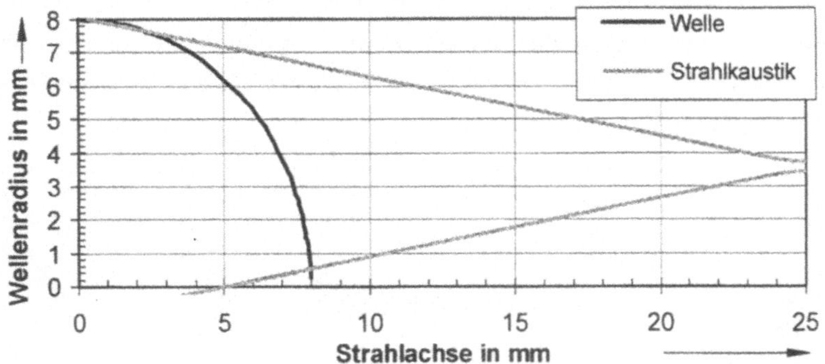

Die Achsrichtung "Wellenradius" aus Bild 9
dient als Bezugsachse zwischen der
Darstellung der geometrischen Anordnung
(oben) und der Darstellung der resultierenden
Intensitätsverteilung auf der Wellenoberfläche
(rechts)

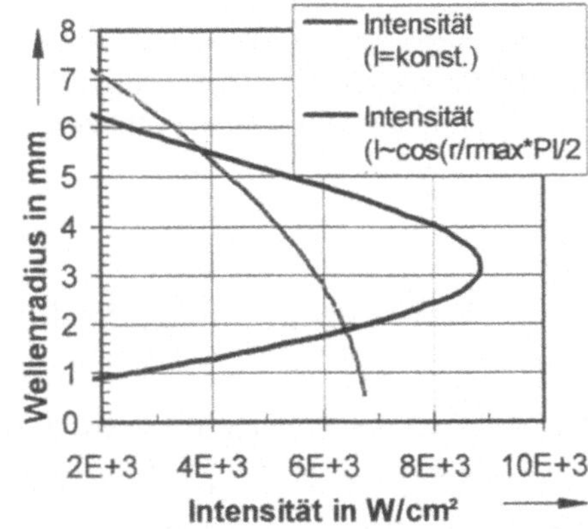

Bild 10 Strahlkaustik und Wellenform bei einer 2:1 Optik mit dem Wellenradius als Bezugsachse
(oben) für die Berechnung der resultierenden Intensitätsverteilung auf einer Wellenoberfläche bei konstanter oder cosinus-förmiger einfallender Intensitätsverteilung (rechts).

In Bild 10 ist die Intensitätsverteilung mit einer konstanten Intensität bei entsprechender 1:6
Abbildung des Faserendes und bei einer für den defokussierten Strahl nach einer 2:1 Abbildung
realistischen cosinus-förmigen Intensitätsverteilung dargestellt. Die resultierende Intensitätsverteilung auf der Welle bei konstanter auftreffender Intensität (1:6 Abbildung) kommt z. B. dem
Härten. entgegen.

Bei einer sehr schnellen Rotation einer Welle kann eine ringförmige und annähernd homogene
Wärmeeinbringung bei punktförmiger Bestrahlung mit dem cw-Laser erzeugt werden (Bild 11).
Durch die sehr hohen Umfangsgeschwindigkeiten wird während ausreichend kurzer Verweil-
zeiten unter dem Strahlfleck nur ein Aufheizen erreicht. Die zugeführte Wärme wird während der
sehr kurzen Umlaufzeit einer Umdrehung kaum abgeführt.

Mit gepulsten Lasern dagegen kann je nach Pulsdauer auch bei hohen Drehzahlen noch eine punktförmige Bearbeitung durchgeführt werden (Q-switch Laser mit Pulsdauern um 200 ns) oder aber auch eine linienförmige Verteilung der Pulsenergie eines einzelnen Pulses auf dem Umfang erzielt werden (gepulste Laser im ms-Bereich).

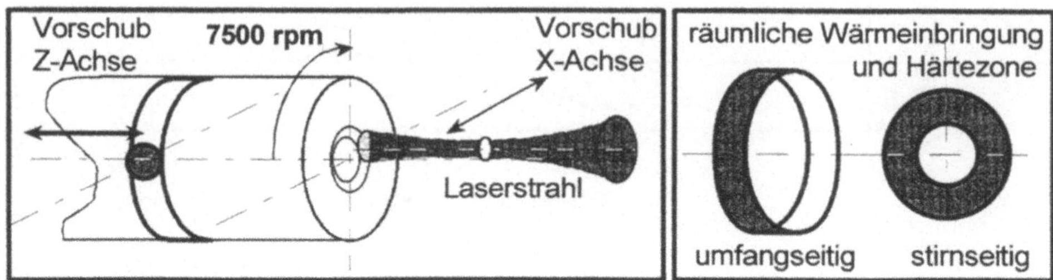

Bild 11 Rotationssymmetrische und homogene Wärmeeinbringung bei punktförmiger Bestrahlung und hohen Umfangsgeschwindigkeiten.

2.5   Materialbearbeitung mit Laserstrahlen

Zum Verständis der Wechselwirkung von Laserstrahlung mit Werkstoffen ist es erforderlich, das Absorptionsverhalten, die Wärmeleitung [50], [51], [38] und die Zeit/Intensitätscharakteristik der Wechselwirkungen bei verschiedenen Pulsdauern und Bearbeitungsgeschwindigkeiten ([37], S. 246 ff) zu kennen. Dabei ist die Form der sich bei den verschiedenen Bearbeitungsprozessen ausbildenden Wechselwirkungszone zu berücksichtigen (Bild 12).

Bei metallischen Werkstoffen wird die Laserleistung in einer sehr dünnen Oberflächenschicht absorbiert. Das Material wird erwärmt, aufgeschmolzen und bei hohen Intensitäten auch verdampft. Tiefer liegende Materialschichten können nur durch Wärmeleitung erwärmt werden oder durch eine ins Material eindringende Verdampfungsfront erreicht werden (Bild 13). Das verdampfte Metall kann bei hohen Intensitäten ionisiert werden und ein Plasma bilden, das bei falscher Prozeßführung den Laserstrahl absorbiert und die Wechselwirkungszone abschirmt. Die zur Bildung eines Plasmas notwendige Intensität und eine eventuelle Absorption in einem Plasma hängt von Ionisationsenergie und Druck der umgebenden Gasatmosphäre und mit einer quadratischen Proportionalität von der Wellenlänge des Laserstrahls ab. Während eine Plasmabildung bei optimal fokussierten CO_2-Lasern schon bei 3 kW cw-Leistung erreicht wird (10^7 W/cm^2), werden die notwendigen Intensitäten für die Wellenlänge der Nd:YAG-Laser nur mit Lasern bester Strahlqualität und Fokussierung und hohen Pulsspitzenleistungen (Q-switch-Laser mit 10^8 - 10^9 W/cm^2) erzielt (Bild 13).

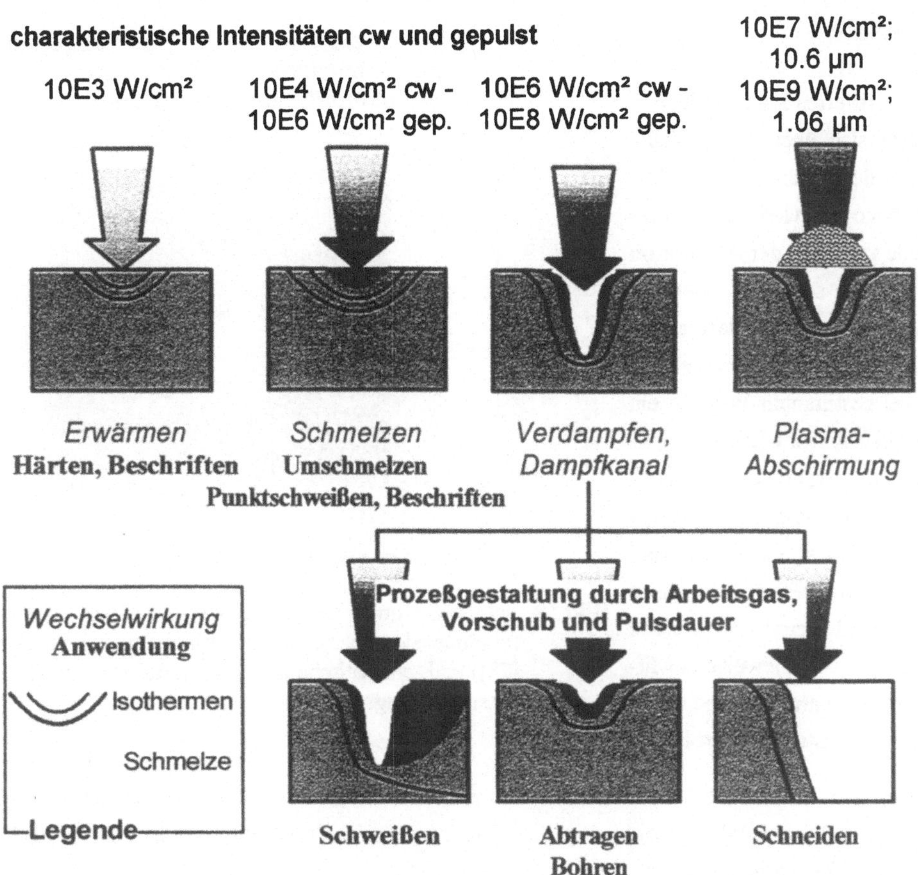

Bild 12　Charakteristische Werte der Intensität, sich ausbildendende Wechselwirkungszonen bei der Laserbearbeitung mit cw und gepulsten Lasern und typische Einsatzfelder.

Bei anderen Werkstoffgruppen (Keramiken, Kunststoffe, organisches Material) ist eine große Variation der Eindringtiefe, d.h. der Transparenz des Materials, mit der Wellenlänge des Lasers zu berücksichtigen. Als Wechselwirkungsmechanismen treten bei diesen Werkstoffgruppen auch zusätzlich die thermische oder photochemische Zersetzung einer chemischen Verbindung und Sublimation auf.

Bei Metallen ergibt sich der Absorptionsgrad aus der Wellenlänge, der Polarisation und dem Einfallswinkel des Laserstrahls, der Temperatur und dem Aggregatzustand. In [52] findet sich eine umfassende Darstellung des derzeitigen Stands des Wissens zur von Messungen gestützten Modellierung der Absorption an Metallen. Einige grundlegende Aspekte, die insbesondere für die Auswahl der Strahlquelle im Rahmen dieser Arbeit relevant sind, werden hier auszugsweise wiedergegeben.

Bei polarisierten Laserstrahlen [5] ergeben sich über den Einfallswinkels des Strahls zur Polarisationsebene gravierende Unterschiede zwischen der Absorption von parallel, senkrecht oder zirkular bzw. nicht polarisiertem Strahl. Bei paralleler Polarisation tritt bei bestimmten Winkeln ein Absorptionsmaximum auf (Brewstereffekt), während bei senkrechter Polarisation die Absorption bis zum streifenden Einfall abnimmt. Zirkular bzw. statistisch polarisierte Laserstrahlen werden entsprechend dem jeweiligen Mittelwert von paralleler und senkrechter Polaristaion absorbiert.

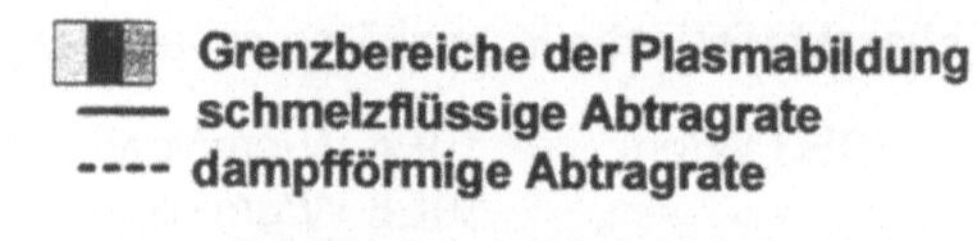

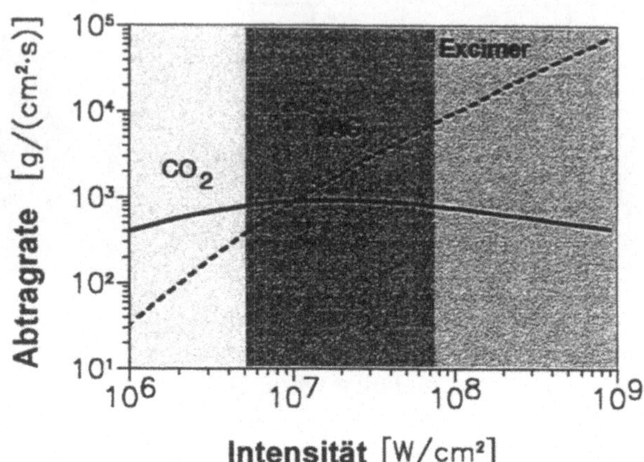

Bild 13 Schmelz- und Verdampfungsraten von Eisen (eindimensionale, stationäre Wärmeleitung, nach [78]) und schematische Darstellung des Beginns der Plasmabildung.

Bei allen Metallen ist eine deutliche Absorptionserhöhung zu kürzeren Wellenlängen hin für den senkrechten Strahleinfall (0°) zu beobachten. Dabei lassen sich drei Metall-Gruppen hinsichtlich des Absorptionsverhaltens unterscheiden:

- Edelmetalle (Ag, Au, Cu) mit geringen , leicht steigenden Absorptionsgraden bis zu einer Wellenlänge von 1 μm (Beispiel Cu) und einem sehr starken Anstieg der Absorption im Bereich der sichtbaren Wellenlängen,
- Übergangsmetalle (Eisen, Stahl- und Gußlegierungen, Nickel, Titan, Wolfram) mit kontinuierlich steigender Absorption,
- Polyvalente Metalle wie Aluminium mit ausgeprägt niedriger Absorption, aber einem Absorptionspeak in einem engen Wellenlängenbereich.

---

[5] CO_2-Laser sind linear polarisiert, werden aber meist mit einem Polarisationsdreher ausgerüstet, um eine Orientierungsunabhängigkeit mit zirkularer Polarisation bei der Bearbeitung zu erreichen. Festkörperlaser sind nicht oder nur schwach polarisiert. Bei der Glasfaserübertragung von Hochleistungslasern (keine Monomode-Fasern) kann eine lineare Polarisation nicht erhalten werden.

Bild 14 zeigt diese Absorptionscharakteristik für den senkrechten Strahleinfall bei Raumtemperatur. Bild 15 zeigt die einfallswinkelabhängige Absorption für die industriell verfügbaren Hochleistungslaser (1.06 μm und 10.6 μm) für Reineisen als Vertreter der Stahlwerkstoffe. Mit steigender Temperatur oder Übergang in die schmelzflüssige Phase ändert sich die Absorption ebenfalls. Der Einfluß der Legierungsgehalte bei nicht oder niedrig legierten Stählen gegenüber den Kurven für Reineisen bewegt sich in Absorptionsänderungen von einigen Prozent. Für die geringe Absorption von ca. 5 % bei CO_2-Lasern und Raumtemperatur kann dies eine Verdopplung bei senkrechtem Einfall bedeuten, während für den Nd:YAG-Laser bei 40 % Absorption kein wesentlicher Einfluß zu erwarten ist.

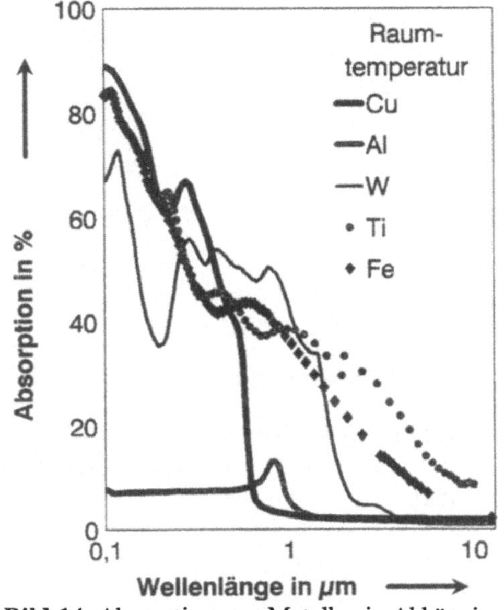

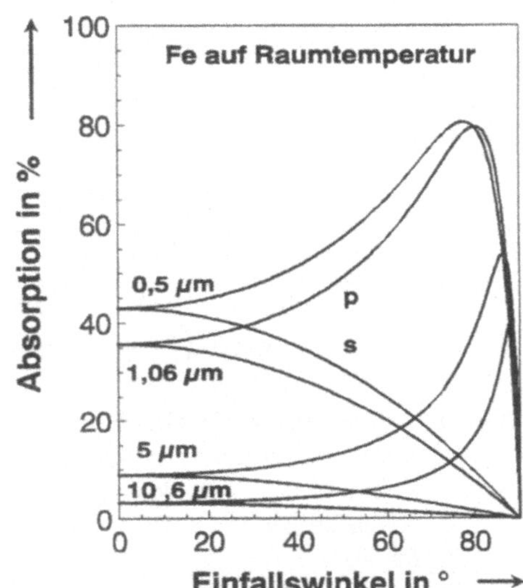

Bild 14 Absorption von Metallen in Abhängigkeit von der Wellenlänge bei senkrechtem Strahleinfall [52].

Bild 15 Winkel- und Polarisationsabhängigkeit der Raumtemperatur-Absorption in Eisen für CO_2- und YAG-Laser, [52]. P: parallel; s: senkrecht polarisiert.

Zur Absorptionssteigerung kann der Bearbeitungszustand der Oberfläche (Sandstrahlen, große Rauhigkeiten nach einer spanenden Bearbeitung) verändert, eine Beschichtung mit Graphit oder ähnlichen absorptionssteigernden Schichten aufgebracht, oder aber die Oxidation an Luft oder Sauerstoff gezielt eingesetzt werden. An oxidierten Stahl-Oberflächen werden für CO_2- und YAG-Laser Absorptionsgrade von 60 - 80 % erreicht.

Bei Prozessen, die durch die Ausbildung einer Dampfkapillare charakterisiert werden - stellvertretend soll hier auf das Schweißen eingegangen werden - muß die Absorption mit Berücksichtigung von Mehrfachreflexionen untersucht werden. Dabei zeigen sich für den Nd:YAG-Laser gravierende Vorteile bis zu einem Faktor 2 bei Schweißtiefen kleiner als 3 mm, Bild 16 und 17. Diese gerechneten Ergebnisse bei vorrausgesetzten gleichen Fokusdurchmessern sind experimentell nachgewiesen [53].

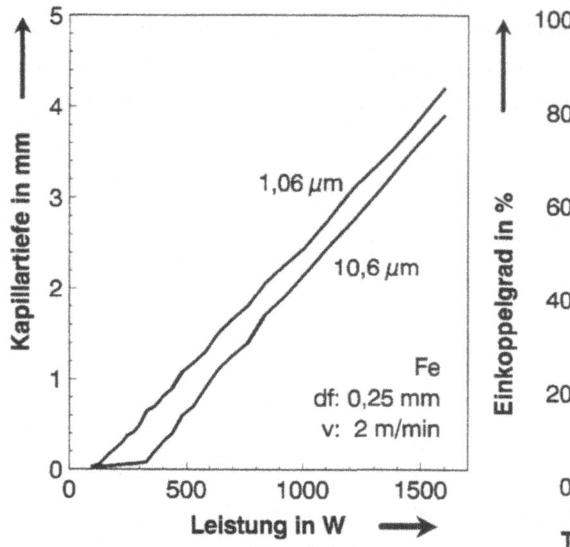

Bild 16 Kapillartiefe und Einkoppelschwelle beim Schweißen von Eisen nach einem Modell von Beck [53] für Vielfachreflexion in Dampfkapillaren.

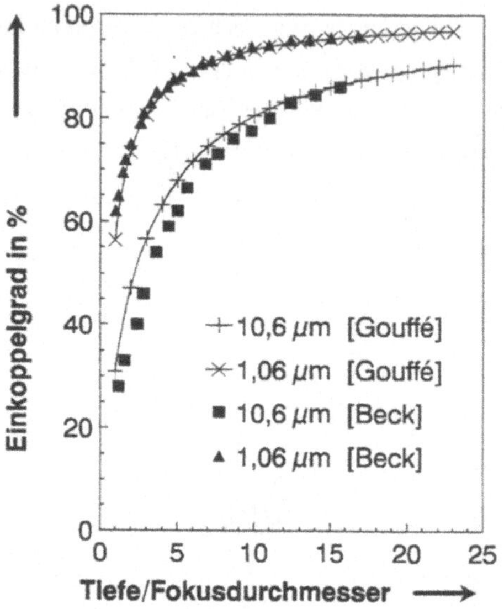

Bild 17 Einkoppelgrad beim Schweißen von Eisen für CO_2- und YAG-Laser, nach [52].

2.6 Stand der Technik der möglichen Laserprozesse

2.6.1 Oberflächenveredelung

Bei der **lokalen** Oberflächenbehandlung zur Erhöhung von Härte, Verschleiß- und Korrosionsbeständigkeit sind zwei Verfahrensgruppen zu unterscheiden:

- Verfahren zur Gefügeumwandlung (Härten, Umschmelzen),
- Verfahren mit Zusatzwerkstoffen zur Änderung der Stoffzusammensetzung (Legieren Beschichten, Dispergieren).

Die Zuführung von Zusatzwerkstoffen in Pulver-, Draht- oder Pastenform erhöht die Komplexität einer Integration in ein Bearbeitungszentrum beim derzeitigen Entwicklungsstand dieser Verfahren so wesentlich, daß sie im Rahmen dieser Arbeit nicht berücksichtigt werden sollen. Weitergehende Perspektiven einer Kombination dieser additiven mit subtraktiven Verfahren als Prozesse im Sinne des Rapid-Prototyping oder spanend überarbeiteter Reparaturbeschichtungen z. B. von Turbinenschaufeln sollten dennoch nicht übersehen werden.

Das Verfahren des Umschmelzens ist - wenn man die in der industriellen Praxis diskutierten Applikationen berücksichtigt - nur für Gußeisenwerkstoffe anwendbar. Für die Bearbeitung entsprechender Großserienteile (z.B. Nockenwellen) werden Spezialmaschinen eingesetzt; außerdem konkurriert der Laserstrahl bei den heutigen Investitionskosten meist erfolglos mit anderen Wärmequellen wie der Induktion oder Bogenentladung.

Einen Schwerpunkt für die laserintegrierte Bearbeitung in Bearbeitungszentren stellt deshalb das lokale martensitische Umwandlungshärten dar.

Martensitisches Umwandlungshärten

Beim Laserhärten wird die Randschicht kohlenstoffhaltiger Eisenwerkstoffe (C-Gehalt > 0.3 %) so schnell aufgeheizt, daß die Abkühlung als Selbstabschreckung durch die umgebenden kalten Materialschichten erfolgt. Der Vorgang der Erwärmung, Austenitisierung und Abschreckung zur Martensitbildung ist der gleiche wie bei der konventionellen martensitischen Härtetechnik [54], [55], läuft jedoch bei kürzeren Zeiten und höheren Temperaturen bis knapp unterhalb der Schmelzgrenze ab. Zusätzliche Abschreckmedien werden üblicherweise nicht eingesetzt, wären aber gerade in Bearbeitungszentren mit integrierter Kühlmittelzufuhr für Härtungen an dünnwandigen Bauteilen vorstellbar.

Als Ergänzung der in den wesentlichen Einführungen und Vertiefungen zum Thema Laserhärten gegebenen Sachverhalte ([56], [57], [58], [59]) sollen an dieser Stelle nur einige wichtige Zusammenhänge vertieft werden. Dabei wird jedoch nur auf den Festkörperlaser als Strahlquelle eingangen, da die Absorptionscharakteristik an blanken Oberflächen gerade unter Berücksichtigung der wirtschaftlichen Aspekte bei der heute verfügbaren Laserleistung nur diese Entscheidung zuläßt.

Einhärtetiefe
Die Einhärtetiefe ist auf Werte unter 2 mm begrenzt, da über die Wärmeleitung die Selbstabschreckung gewährleiset werden muß und die Begrenzung der Oberflächentemperatur auf

Schmelztemperatur die Austenitisierungstiefe begrenzt. In Bild 18 ist ein typischer, eindimensional gerechneter Temperaturzyklus mit dem Temperaturverlauf in der Randhärtezone und an der Oberfläche dargestellt.

Ausgangsgefüge

Innerhalb der kurzen Temperaturzyklen sind nur geringe Diffusionslängen des Graphits zur Austenitisierung möglich. Es muß deshalb ein möglichst feinkörniger Gefügezustand eingestellt werden.

Oberflächenzustand

Ohne Schutzgas bilden sich ausgeprägte Anlauffarben bis zu dünnen Oxidschichten an der Oberfläche. Mit Schutzgas kann bei verminderter Prozeßeffizienz auch eine oxidfreie Oberfläche erreicht werden. Der Gasschutz muß dann allerdings bis zur Abkühlung der Probenoberfläche auf weniger als 200 °C aufrecht erhalten werden, um die Bildung von Anlauffarben zu vermeiden. Bei sehr niedrigen Rauhheiten der Ausgangsoberfläche (Rz < 5 µm) kann dann die martensitische Volumenvergrößerung (ca. 1%) die Oberflächenrauheit im Korngrößenbereich erhöhen.

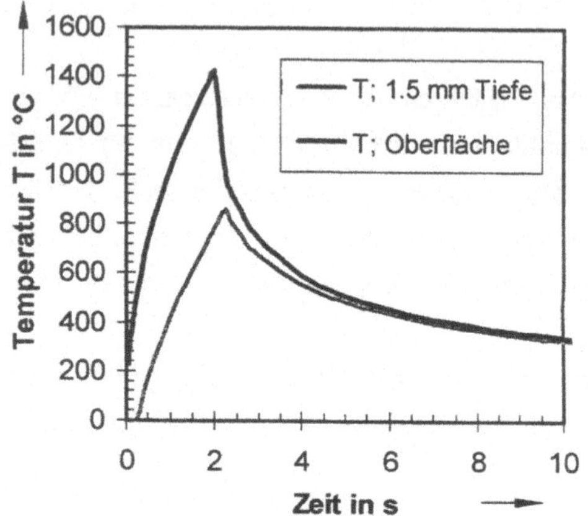

Bild 18 Berechneter Temperaturverlauf beim Laserhärten an der Oberfläche und in der Randhärtezone für Eisen bei einer Intensität von $3*10^3$ W/cm^2.

Anlaßeffekte bei überlappenden Spuren

Zum Härten größerer Flächen müssen mehrere Härtespuren mit einer Überlappungszone plaziert werden, oder bei großen rotationssymmetrischen Teilen stoßen Spuranfang und -ende aufeinander (vergl. Kap. 5.7). In solchen Überlappungszonen lassen sich Anlaßeffekte und Härteeinbrüche nicht vermeiden (Bild 19).

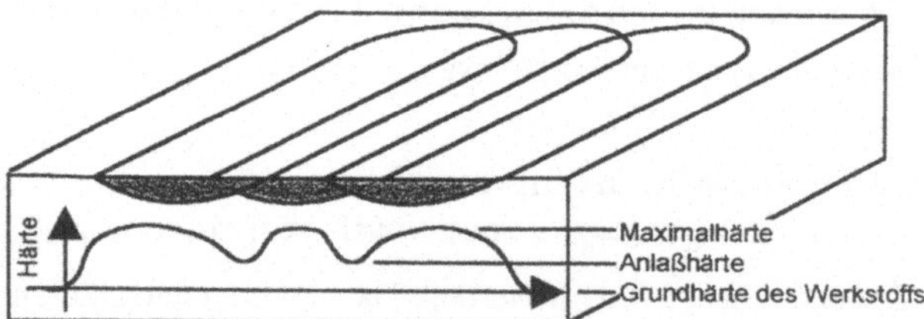

Bild 19 Schematische Darstellung des Anlaßeffektes auf die Oberflächenhärte beim Laserhärten mit überlappenden Einzelspuren

Verzug

Das Laserhärten ist nur dann verzugsarm, wenn die Möglichkeit zur lokalen, eng begrenzten

Härtung möglichst unter Berücksichtigung von Symmetrie-Aspekten ausgenutzt wird. Vier Verzugsarten sind zu berücksichtigen:

- dauerhafter Verzug durch erlebte Temperaturgradienten auch nach der Abkühlung durch plastische Verformung,

- momentaner Verzug durch Temperaturgradienten direkt nach dem Härtevorgang als elastische Verformung,

- momentane Vergrößerung durch Wärmedehnung entsprechend dem Längenausdehnungskoeffizienten von Stahl und Guß mit ca. $10 \frac{\mu m}{m \cdot K}$,

- dauerhafter Verzug durch Druckspannungen aufgrund der Volumenvergrößerung des martensitisch umwandelten Gefüges.

Bei einer Minimierung der Wärmeverzüge erlangt der martensitische Verzug einen zunehmenden Anteil am gesamten Verzug.

Prozeßkenngrößen

Zur Umwandlung eines gewünschten Materialvolumens in einen gehärteten Querschnitt mit definierter Randhärtetiefe ist eine von den Wärmeleitungsverlusten (Werkstückgeometrie, Strahlform, Material, Vorschubgeschwindigkeit) und gefügespezifischen Eigenschaften abhängige spezifische Umwandlungsenergie kennzeichnend, die sich unter Berücksichtung des Absorptionsgrads aus einer Leistungsbilanz ergibt:

$$P_L \sim v \cdot b \cdot t \cdot E_S + P_W$$

$$E_S: \quad \text{spez. Umwandlungsenergie } [\frac{J}{mm^3}]$$

$$P_W: \quad \text{Verluste durch Wärmeleitung}$$

$$(17)$$

Für E_s sind für verschiedene härtbare Stähle (Ck 45, 42CrMo4) mit absorptionsteigernder Oxidation Werte zwischen 20 - 150 J/mm³ ermittelt worden. Die hohen Werte korrespondieren mit Vorschubgeschwindigkeiten an der unteren Grenze von 0.2 m/min, geringen Einhärtetiefen < 0.5 mm und massiven Werkstücken. Die niedrigen Werte werden bei großen Einhärtetiefen und Vorschubgeschwindigkeiten und günstigen Bauteilproportionen erreicht. Die Vorschubgeschwindigkeit sollte nicht unter 0.2 m/min zur Vermeidung zusätzlicher Aufwärmung und Veringerung der Abschreckrate gewählt werden. Zur Aufheizung auf Schmelztemperatur in dem begrenzten Zeitrahmen von 0.5 - 2 s werden Intensitäten zwischen 10^3 und 10^4 W/cm² benötigt. Aus diesen Intensitäten, aus der zur Verfügung stehenden Leistung und aus der zur Erzielung einer bestimmten Einhärtetiefe notwendigen Wechselwirkungszeit (Bild 18) bei gewünschtem Vorschub, errechnen sich die notwendigen Abmessungen des Strahlflecks. Die üblicherweise vorgebene Mindesteinhärtetiefe von 0.5 mm läßt sich durch die Gegebenheiten der Wärmeleitung nur mit Härtespurbreiten > 4 mm erreichen. Die Verluste durch Wärmeleitung nehmen mit kleinen

Verhältnissen von Spurbreite zu Spurtiefe zu.

Prozeßoptimierung durch Strahlformung
Der direkte Einsatz eines runden Strahlflecks in einer defokussierten Position einer konventionell abbildenden Faseroptik stellt nur einen Kompromiß zugunsten einer flexiblen, kostengünstigen und einfachen Versuchsdurchführung dar. Für eine effiziente Energieeinkopplung sollten rechteckige und konstante Intensitätsverteilungen, oder, im optimierten Fall, rechteckige Intensitätsverteilungen zur Erzeugung konstanter Temperatur - der sogenannte "Burger-Sessel" mit überhöhten Intensitäten an den Rändern, [60] - im Strahlfleck eingesetzt werden. Hierfür stehen die Möglichkeiten der geometrischen Optik (Abbildung der ebenen Intensitätsverteilung des Faserendes, Superposition mehrer Strahlen, Glasstäbe, Zylinderoptiken, Kaleidoskope, Axikone [49]) in Kombination mit geeigneten Strahl- und Werkstückbewegungen über Scanner [47], [48] oder schnelle Rotation (Kap. 5.7, [61]) offen. Für die Applikation in einem bauraumbeschränkenden Drehzentrum ist zumindest die Scannerlösung nicht realisierbar.

Prozeßsicherung durch Temperaturregelung
Beim Härten mit Festköperlasern und Einsatz beschichteter Glasoptiken kann eine Temperaturreglung über Pyrometer, Fotodioden oder Thermokameras sehr einfach mit in den Strahlengang eingespiegelt werden. Dabei wird nicht nur eine große Prozeßsicherheit erzielt, sondern vor allem der Einrichtevorgang, die Leistungsführung und die Anpassung an neue Geometrien und Werkstoffe stark verkürzt [49].

2.6.2　Schweißen

Um den Werkstoff zu schmelzen und eine Dampfkapillare (Tiefschweißen) zu bilden, ist eine Schwellintensität von einigen 10^6 W/cm^2 notwendig. Bei den gegebenen Fokusdurchmessern von 0.2 - 0.6 mm sind hierzu bei Stahl 500 - 1000 W Leistung erforderlich. Diese Leistung kann sowohl kontinuierlich als auch im gepulsten Betrieb bei Pulsdauern von 3 - 20 ms aufgebracht werden.

Vor allem zum Feinschweißen mit Schweißtiefen bis 1 mm an kleinen Bauteilen der Elektronik und Feinwerktechnik werden gepulste Systeme mit geringer mittlerer Leistung (50 W), Pulsspitzenleistungen bis 5 kW bei Pulsfrequenzen bis zu einigen 10 Hz eingesetzt. Aus der notwendigen Überlappung der Einzelpulse resultieren Schweißgeschwindigkeiten von 0.1 - 1 m/min. In diesen Anwendungsbereichen kann durch den gepulsten Betrieb vor allem die Wärmebelastung der Bauteile kontrolliert gering gehalten und eine durch die niedrige mittlere Leistung kostengünstige Strahlquelle eingesetzt werden [62].

Für größere Schweißtiefen oder -geschwindigkeiten müssen cw-Laser hoher mittlerer Leistung eingesetzt werden, Bild 20, ([63][64][65]). Die Einschweißtiefe kann durch Veringerung der Schweißgeschwindigkeit erhöht werden. Um jedoch eine starke Erwärmung des Bauteils (hohe Verluste durch Wärmeleitung) zu vermeiden, wird als untere Grenzgeschwindigkeit ein Wert in Abhängigkeit von der Wärmeleitgeschwindigkeit $2 \cdot \frac{\sqrt{\kappa \cdot t}}{t}$ des Werkstoffs gewählt. Diese untere Grenzgeschwindigkeit beträgt bei den Eisenwerkstoffen ca. 2 m/min, bei den gut wärmeleitenden Aluminiumlegierungen 3 - 5 m/min. Dann kann unter Vernachlässigung der Verluste durch Wärmeleitung eine einfache Bilanz der zur Erzeugung des Schmelzbadvolumens notwendigen Energie aufgestellt werden, Formel (18):

$$A \cdot P_L = v \cdot b \cdot s \cdot \rho \cdot C_P \cdot \sum Enthalpie + P_W$$

bei gleichem Werkstoff:

$$A \cdot P_L \sim v \cdot b \cdot s \qquad oder \qquad v \sim A \cdot \frac{P_L}{b \cdot s} \; ;$$

$$wenn \; v \; \gg 2 \cdot \frac{\sqrt{\kappa \cdot t}}{t}, \tag{18}$$

*dann entspricht die Breite der Schweißnaht
im wesentlichen dem Fokusdurchmesser d_f und esgilt:*

$$v \sim A \cdot \frac{P_L}{d_f \cdot s}$$

Werden Versuchsergebnisse in der von Dausinger [52] vorgeschlagenen Auftragung der Geschwindigkeit v über der bezogenen Laserleistung $\frac{P_L}{s \cdot d}$ dargestellt, können auch Schweißungen verschiedener Laser und Fokusdurchmesser miteinander verglichen und unbekannte Parameter skaliert werden, (18). Die Steigung der sich ergebenden Geraden geben den Einkoppelgrad wider.

Aus Bild 21 als Vergleich von Nd:YAG- (LAY 2006 D) und CO_2-Lasern (übrige Positionen) ist abzulesen, daß bei gleichen Schweißnahtquerschnitten, vor allem bei geringen Einschweißtiefen oder hohen Geschwindigkeiten, ein Festkörperlaser weniger Leistung benötigt. Mit CO_2-Lasern gleicher Leistung können kleinere Foki und Schweißnahtbreiten erzeugt werden; bei Überlappschweißungen werden jedoch gerade breite Schweißnähte in Blechdickengröße gefordert. Sollen mehr als 4 mm Einschweißtiefe sicher erreicht werden, empfiehlt sich der Einsatz eines CO_2-Lasers.

Beim Schweißen von Aluminiumlegierungen werden die Vorteile des Festkörperlasers noch deutlicher sichtbar, wobei auch die Prozeßsicherheit erheblich verbessert wird, wie aktuelle Vergleiche an Produktionsteilen aus Aluminium und Edelstahl gezeigt haben [66].

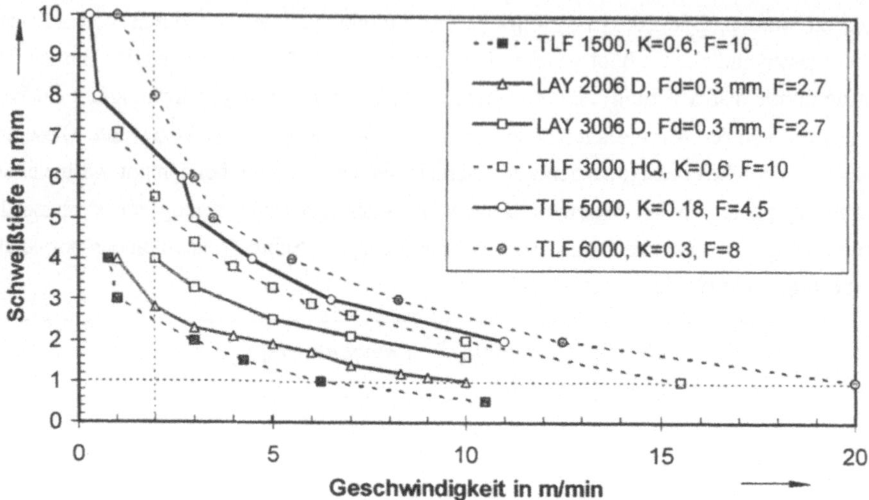

Bild 20 Schweißen von Baustahl St 37 mit Nd:YAG-Lasern (LAY 2006 D, LAY 3006 D) und CO_2- Hochleistungslasern (übrige). Quellen: [63], [64], [65].

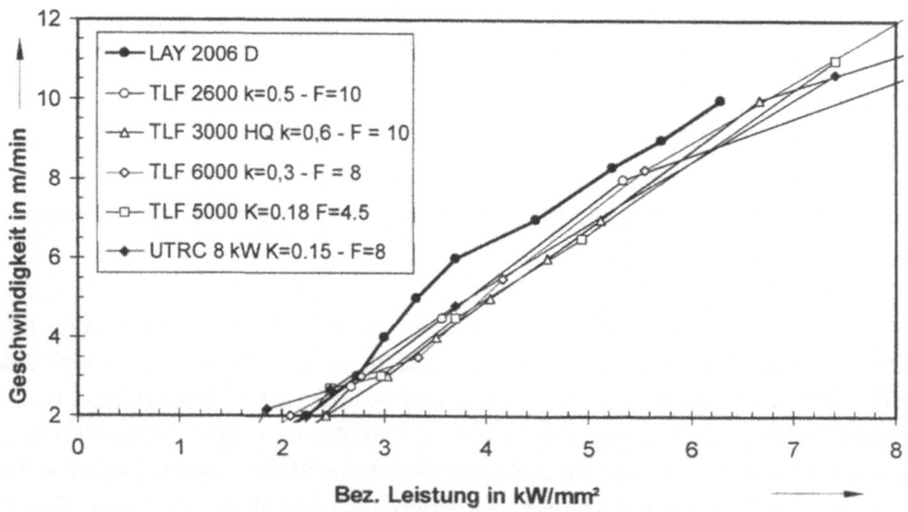

Bild 21 Vergleich von Nd:YAG- und CO_2-Lasern in der Auftragung der Schweißgeschwindigkeit über der bezogenen Laserleistung (Leistung / (Schweißtiefe * Nahtbreite)) für Baustahl St37.

Die Auswahl des Schutzgases hängt von der verwendeten Wellenlänge und dem zu schweißenden Werkstoff ab. Beim Schweißen mit CO_2-Lasern wird meist Argon eingesetzt; bei hohen Leistungen und Intensitäten muß Helium zur Vermeidung von zu starker Plasmabildung zugemischt werden. Bei Festkörperlasern werden bei Stahl auch an Luft sehr gute Nahtqualitäten erreicht. Inerte oder reduzierende Schutzgase werden nur bei einer Forderung nach oxidschichtarmer Oberraupe angewendet. Dabei ist dann oft eine Blasenbildung in der Nahtwurzel bei Blind-schweißungen zu beobachten. Durch die Gaswahl wird auch die Ausbildung der Nahtoberrraupe vor allem bei Festkörperlaser-Schweißungen beeinflußt. Im Vergleich von Luft und Argon verändert sich die Oberflächenspannung der flüssigen Schmelze von Stahl so signifikant, daß die Marangoni-Strömung (eine durch die Oberflächenspannung und Temperaturgradienten induzierte Strömung in der Querschnittsebene der Schweißnaht) innerhalb des

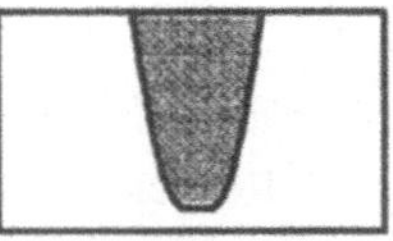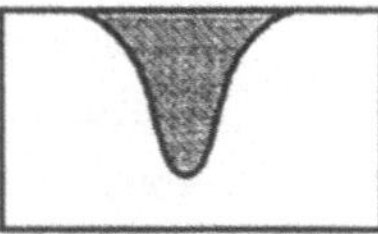

Bild 22 Einfluß des Schutzgases auf Nahtform und Einschweißtiefe bei Stahl beim Schweißen mit fasergeführten Nd:YAG-Lasern.

Schmelzbads umgekehrt werden kann [53]. Dieser Effekt führt zu den in Bild 22 gezeigten Nahtformen, wobei sich bei Luft durch Oxidationsvorgänge zusätzlich eine höhere Einschweißtiefe ergibt.

Beim Schweißen von Aluminiumlegierungen kommt der Auswahl, Mischung und Führung des Schutzgases an Oberraupe und Nahtwurzel sogar eine dominierende Rolle zu [67].

Zur Bewertung der Schweißbarkeit einer Stahlsorte können die für die konventionellen Verfahren geltenden Richtlinien zu Rate gezogen werden [68]. Hierbei gilt die Grundregel, daß ein gut schweißbarer Stahl auch gut laserschweißbar ist. Für die nur bedingt schweißbaren Stahlsorten wie schwefelhaltige Automatenstähle (Heissrißgefahr) und kohlenstoffhaltige, härtbare Stähle (Aufhärtung, Sprödbruchgefahr) existiert noch zu wenig Datenmaterial, um allgemeingültige Aussagen treffen zu können. Die Regel, daß lasergeschweißte Nähte bessere Festigkeitseigenschaften wie konventionell geschweißte aufweisen, kann jedoch auch für diese Sorten zutreffen. Ob dies für den speziellen Anwendungsfall ausreichend ist, muß in Festigkeitsuntersuchungen verifiziert werden.

Zur laserschweißgerechten Konstruktion ist eine umfangreiche Richtlinie veröffentlicht, die jedoch nur die Blechbearbeitung im Karrosseriebau berücksichtigt [69]. Kriterien wie die Zugänglichkeit einer Punktschweißzange spielen sicher für die Teilespektren, die für ein laserintegriertes Schweißen im Drehzentrum in Frage kommen, keine Rolle. Dennoch kann sich der Anwender zukünftiger Applikationen einer laserintegrierten Fertigung Anregungen und Hinweise ableiten.

2.6.3   Beschriften

Beim Beschriften wird ein Vielzahl von Mechanismen eingesetzt, die sich zunächst in abtragende und nicht abtragende Verfahren klassifizieren lassen.

Abtragende Beschriftungsverfahren:

*   Abtragen farbiger Eloxalschichten oder Beschichtungen von Eisenwerkstoffen (brüniert, phosphatiert),
*   Tiefbeschriften (mehrere 0.1 mm),
*   Abtragen im μm - Bereich.

Nicht abtragende Beschriftungsverfahren:

*   Farbumschlag in Kunststoffen und speziellen Beschriftungsfolien und Klebe-Etiketten,
*   Aufrauen der Oberfläche durch Anschmelzen,
*   Erzeugung von Anlauffarben oder anderen durch chemische Reaktionen induzierte Schichten.

Die Auswahl des geeigneten Lasersystems ist meist an das zu beschriftende Material und die gewünschte Tiefenwirkung des Mechanismus gekoppelt, wobei nur Kunststoffe (Bauteile der Elektronikindustrie) und Gläser mit Excimerlasern und CO_2-TEA-Lasern die Fälle sind, wo nicht ein Q-switch YAG-Laser eingesetzt wird.

Für große Serien mit gleichem Beschriftungsbild können Maskenbelichtungsverfahren eingesetzt werden. Um die Flexibilität der Laserbeschriftung zu nutzen, werden meist rechnergesteuerte Scannersysteme mit Arbeitsfeldern bis zu 200 x 200 mm und Geschwindigkeiten bis 200 m/min eingesetzt.

Es ist nicht sinnvoll, diese Verfahren zur Erzeugung hochwertiger und dekorativer Beschriftungen in ein Drehzentrum mit geringem Bauraum und Verschmutzung durch Späne und Kühlwasser zu integrieren. Hierfür können nur die Verfahren des Tiefbeschriftens und die Anwendung nach Kap. 5.5 berücksichtigt werden.

Das Verfahren der Tiefbeschriftung wird unter zwei Aspekten angewendet:
*   fälschungssichere Applikation der Fahrgestellnummer von Automobilkarosserien [70],
*   Beschriftung von hochfesten Legierungen, die bei einer Kaltverformung durch Prägen oder Nadeln aufhärten und so die notwendige Gravurtiefe verhindern (Beispiel: Beschriften von Gasflaschen).

In beiden Fällen ist es ausreichend, eine auf einer Punktmatrix basierende Schrift zu realisieren, so daß gepulste Laser mit hohen Pulsenergien, aber geringen Pulsfrequenzen verwendet werden. Diese grobe Beschriftung kann mit dem Verfahren des Laserspanens verfeinert werden (s. Seite 58).

2.6.4   Abtragen und Strukturieren

Für den Prozeß des Abtragens mit Lasern können drei Wechselwirkungsmechanismen ausgenutzt werden (Bild 23):

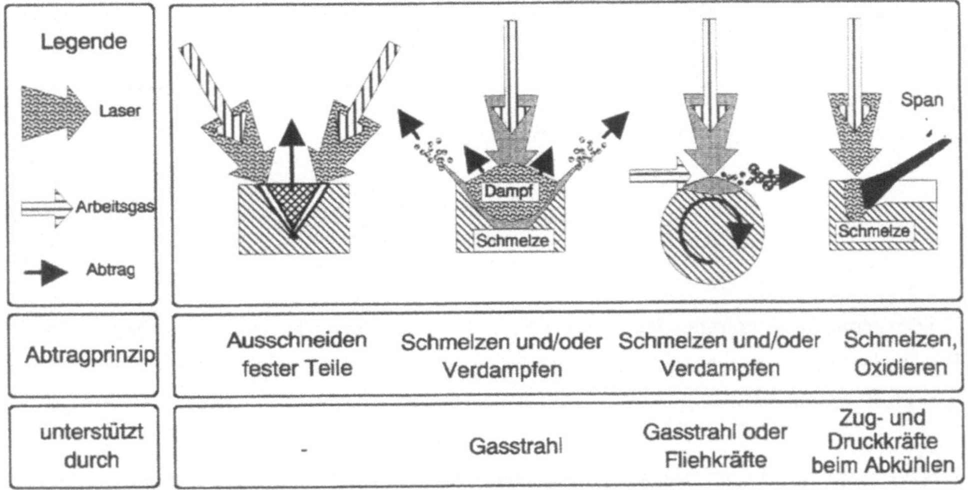

Bild 23 Wechselwirkungsmechanismen und Prozeßgestaltung beim Abtragen mit Laserstrahlen.

- Laserfräsen: Mit einem oder zwei Laserstrahlen werden feste Teilstrukturen ausgeschnitten durch Schmelzen und Verdampfen des Werkstoffs.
- Laser-Caving: Das Material wird aufgeschmolzen und / oder verdampft und durch den Dampfdruck oder einen zusätzlichen Arbeitsgasstrahl ausgeblasen. In einer speziellen Variante können die Fliehkräfte bei schnell rotierenden rotationssymmetrischen Teilen zur Beeinflussung des Schmelzaustriebs genutzt werden.
- Laserspanen: Stahl wird unter Sauerstoffatmosphäre auf Zündtemperatur erhitzt und angeschmolzen. Als Folge der unterschiedlichen Schmelztemperaturen von oxidierter Schlacke und Stahl gelingt es, die entstehenden Schlackespäne in fester Form von der Stahloberfläche zu lösen. Der Ablösevorgang wird durch Zug- und Druckkräfte in der Abkühlphase durch die Bewegung der Wechselwirkungzone unterstützt.

Zur Charakterisierung der Effizienz und Skalierung der verschiedenen Verfahren kann die normierte Abtragrate als Quotient aus Abtragvolumen je Zeiteinheit und mittlerer Leistung verwendet werden:

$$A_R\ (norm)\ =\ \frac{V}{P_M \cdot t}\ =\ \frac{b \cdot s \cdot v}{P_M} \tag{19}$$

Zum Vergleich mit den konventionellen Verfahren (Drehen, Fräsen, Erodieren, Schleifen) muß die bezogene Abtragrate als Quotient aus Abtragrate und Breite oder Fläche der Wechselwirkungszone (Schleifscheibenbreite, Fräserdurchmesser, Elektrodenfläche) je nach Fertigungsgeometrie betrachtet werden:

$$A_R\ (bez.\ Breite)\ =\ \frac{V}{B \cdot t}\ =\ \frac{b \cdot s \cdot v}{B}$$

$$oder \tag{20}$$

$$A_R\ (bez.Fläche)\ =\ \frac{V}{F \cdot t}\ =\ \frac{b \cdot s \cdot v}{F}$$

Bei den geringen Abtragraten der Laserverfahren kann erst dann ein Vorteil entstehen, wenn die Breite oder Fläche der zu bearbeitenden Geometrie aus konstruktiven oder funktionalen Gründen sehr klein werden muß.

Das Verfahren des Laserfräsens ist in Forschungsprojekten an Plexiglas, Keramiken und Stahl umgesetzt worden. Als Schruppverfahren werden geringe Oberflächenqualitäten erreicht, wobei allerdings die Abtragraten des Cavings und Spanens weit übertroffen werden. Industrielle Anwendungen sind bislang nicht bekannt.

Laser-Caving

Das Abtragen mit Schmelzen und Verdampfen mit gepulsten Lasern wird vor allem zum Strukturieren eingesetzt. Seit vielen Jahren bekannte Anwendungen sind das "Laser-Tex" Verfahren [71] zur Strukturierung von Walzen, zum Finishen von Blechoberflächen und die Gravur-Verfahren ("Gravolas") bei der Herstellung von Druckwalzen aus Gummi. Als neue Anwendung wird das "Laserhonen" untersucht ([72], [73]). Bei diesem Verfahren werden mit einem 50 W Q-Switch YAG-Laser Riefenmuster von 40 µm Breite und 10 µm Tiefe bei Geschindigkeiten bis zu 40 m/min in die Laufbahn von Zylinderlaufbüchsen eingearbeitet. Dadurch wird ein definiertes Ölrückhaltevolumen in die sonst sehr glatt gehonte Oberfläche eingearbeitet, und der Verschleiß, die Schadstoffemission und der Ölverbrauch werden erheblich reduziert.

Eine ähnliche Zielrichtung wird beim Strukturieren von Gleitringdichtungen verfolgt. In die glatte, keramische (SiC) Dichtfläche werden Taschen mit Tiefen von 2 - 10 μm eingearbeitet. Dadurch wird eine Schleppströmung in den Dichtspalt ermöglicht, die durch die induzierten hydrodynamischen Kräfte wieder zurückgefördert wird. Damit werden die Leckage, das Reibmoment und der Verschleiß minimiert [74].

Die Herstellung von dreidimensionalen Strukturen für industrielle Anwendungen war Gegenstand der Forschung der letzten fünf Jahre [75], [76], [77]. Durch eine Online-Regelung der Abtragtiefe und zweistufige Prozeßführungen mit Schrupp- und Schlichtbearbeitung können mit gepulsten Lasern in Stahl und anderen Metallen sowie Keramiken dreidimensionale Strukturen mit Oberflächenrauhigkeiten R_z < 5 μm und Genauigkeiten besser als 0.05 mm hergestellt werden [78], [79]. Das Potential dieser Verfahren mit dem 50 - 250 μm kleinen Werkzeug Laserstrahl hat jedoch bislang noch keinen Eingang in die industrielle Fertigungstechnik mangels Anbindung und Kombination mit herkömmlichen Verfahren gefunden. Bei der Schruppbearbeitung mit gepulsten Lasern (Pulsdauern von 0.1 - 1 ms) werden Abtragraten bis über 1000 mm³/min erreicht. Bei der Feinbearbeitung wird die Abtragrate mit Werten zwischen 10 - 100 mm³/min stark reduziert. Bei Pulsfrequenzen bis zu 1000 Hz werden Vorschubgeschwindigkeiten von bis zu einigen 10 m/min gefordert.

Mit Q-switch Lasern werden im allgemeinen höhere Oberflächenqualitäten bei durch die verkürzten Pulsdauern reduzierten Abtragraten erzielt. Durch die hohen Q-switch - Frequenzen werden je nach Überlappung einzelner Pulse und Durchmesser des Laserfokus Vorschubgeschwindigkeiten bis zu einigen 100 m/min erforderlich!

Bild 24 zeigt einige mit verschiedenen Lasertypen erzielte Ergebnisse an Stahlwerkstoffen. Dabei werden mit den gepulsten Systemen normierte Abtragraten von 0.1 - 0.5 mm³/min/W erreicht, während mit den Q-switch Systemen ca. 0.01 - 0.02 mm³/min/W erreicht werden.

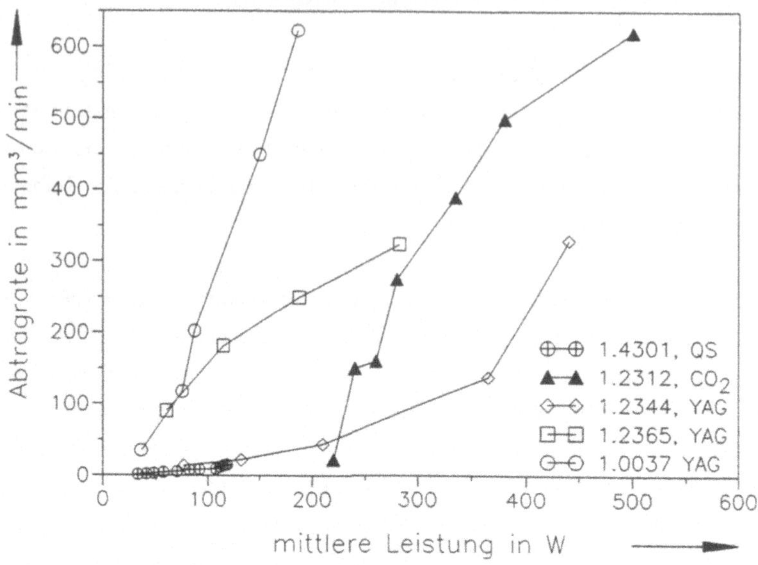

Bild 24 Abtragraten mit dem Laser-Caving-Verfahren mit verschiedenen Lasersystemen an Stahlwerkstoffen.

Laser-Spanen

Der Hauptvorteil des Laserspanens sind die guten Oberflächenqualitäten und die Vermeidung einer Verschmutzung der umgebenden Werkstückoberflächen mit Schmelz- und Schlackespritzern (Bild 25) wie bei den Verfahren des Laser-Cavings.Das Verfahren ist bislang auf Stahlwerkstoffe begrenzt, wobei schon geringe Legierungsanteile von Chrom und ähnlichen hochschmelzenden Elementen bzw. deren Oxiden den Prozeß stark beeinflussen können . Der Prozeß ist an enge Parametergrenzen gebunden, die mit cw-Lasern, aber auch mit gepulsten Lasern bei hohen Frequenzen um 1000 Hz oder mit CO_2-Lasern im getasteten Betrieb realisiert werden können [80], [81], [82], [83], [84]. Die Vorschubgeschwindigkeiten liegen bei 0.3 - 2 m/min, die notwendigen Intensitäten sinken mit zunehmenden Spurbreiten von 10^6 W/cm² (bei 60 µm Fokusdurchmesser) auf 10^4 W/cm² (bei 2 mm Fokusdurchmesser). Als Prozeßgas wird reiner Sauerstoff mit sehr geringen Gasdrücken vor der Bearbeitungsdüse verwendet. Bild 26 zeigt als Beispiel

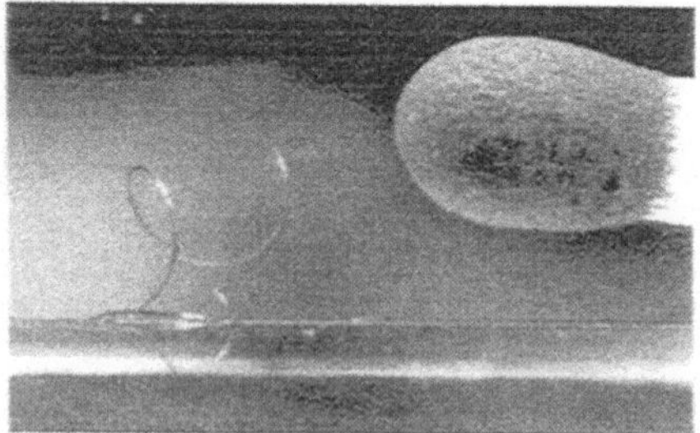

Bild 25 Laserspanen auf einer polierten Stahloberfläche ohne Verschmutzung der umgebenden Fläche (Spurbreite 100 µm, Tiefe 30 µm).

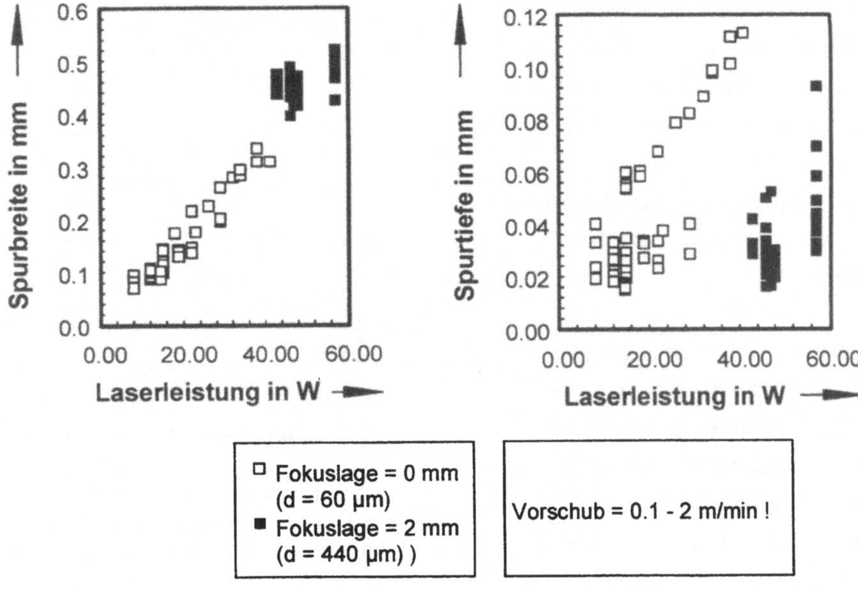

Bild 26 Minimierung von Spurbreite und -tiefe beim Laserspanen durch Reduzieren der Laserleistung.

für die Minimierung der Bearbeitungszone die Parameter für das Laserspanen von Stahl St 37 mit einem 50 W cw Nd:YAG-Laser mit Freistrahlfokussierung. Die Spurbreiten werden mit abnehmender Laserleistung minimiert und können sowohl größer als auch kleiner als der Fokusdurchmesser sein. Die Spurtiefe, also die minimale Zustellung, läßt sich offenbar nicht auf Werte unter 0.02 mm reduzieren. Dabei werden R_z-Werte besser als R_z=2 µm erzielt (Bild 27).

Die notwendige Intensität nimmt mit abnehmender Spurbreite zu, Bild 28. Dieser Effekt kann durch höhere Wärmeleitungsverluste erklärt werden.

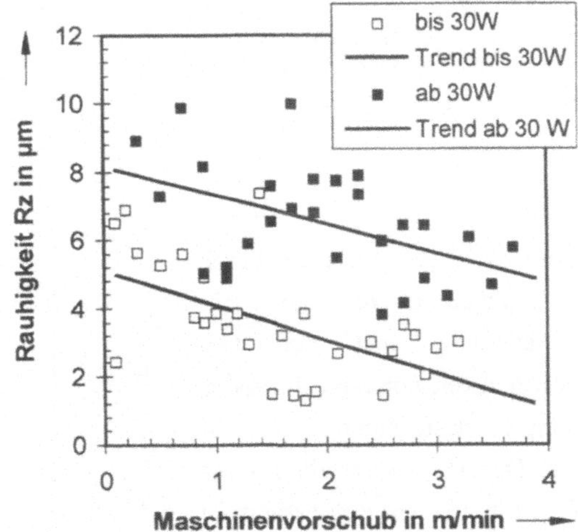

Bild 27 Rauhigkeiten R_z von Einzelspuren beim Laserspanen; bei flächigem Abtragen ergeben sich aus der Spurüberlappung Welligkeiten von W_t = 10 µm.

Während die Spurtiefe annähernd gleich bleibt, nimmt die Breite ab; damit wird die Schwelle zumindest bei den gezeigten Parametern von einer zweidimensionalen Wärmeleitungscharakteristik zu einer dreidimensionalen mit höheren Verlusten überschritten.

Im Rahmen einer gewissen Schwankungsbreite durch die selektive Auswahl des Ablösens eines festen Spans und des Oxidationseinflusses läßt sich das Prozeßergebnis nach Formel 21 skalieren. Bild 29 zeigt diese Tendenz deutlich, vom Trend abweichende

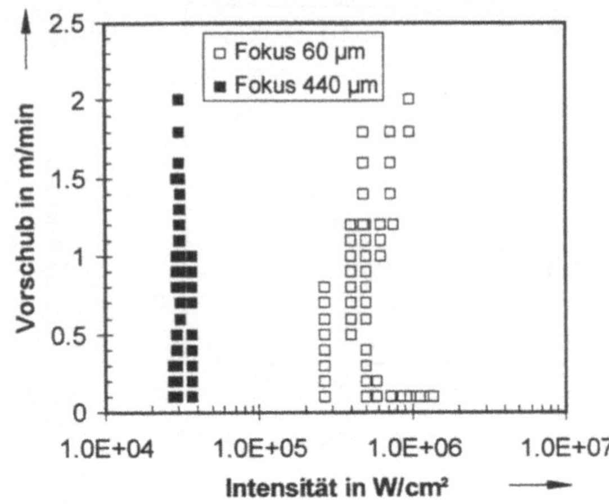

Bild 28 Steigerung der notwendigen Intensität für das Laserspanen auf geschliffenem St37 bei Fokusdurchmessern von 60 µm und 440 µm.

Punkte repräsentieren jedoch auch die Einschränkungen bezüglich der Vergleichbarkeit der

$$A \cdot P_L + P_{Ex} = v \cdot b \cdot s \cdot \rho \cdot C_P \cdot \sum Enthalpie + P_W$$
bei gleichem Werkstoff, vergleichbarem exothermen Energiegewinn, vergleichbaren Wärmeleitungsverlusten: (21)

$$A \cdot P_L \sim v \cdot b \cdot s \quad oder \quad v \cdot b \sim A \cdot \frac{P_L}{s}$$

exothermen Energiezufuhr durch die Oxidation und die zur Abtragkontur und zur Geschwindigkeit korrespondierenden Energieverluste durch Wärmeleitung. Da die Geschwindigkeit mit 0.1 - 2 m/min sehr weit variiert, ist die in Formel (21) verwendete Annahme vergleichbarer Wärmeleitungsverluste nur eingeschränkt zulässig. Bei anderen Oberflächenzuständen wie den in diesem Kapitel dargestellten geschliffenen Ober-

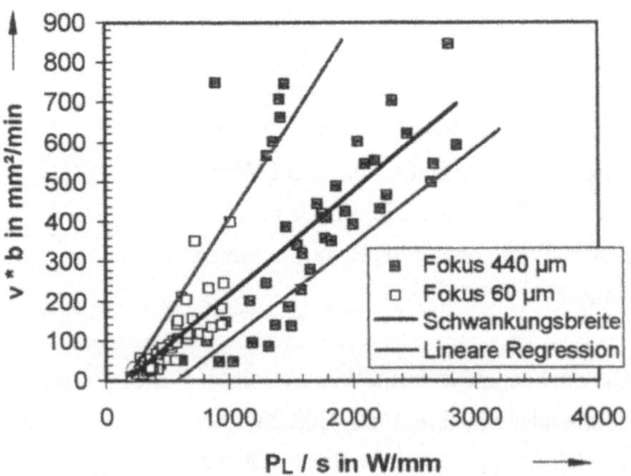

Bild 29 Skalierung des Laserspanens an geschliffenem St37 nach Formel (21).

flächen (kaltgewalzt, oxidiert) ergeben sich ebenso deutliche Parameterverschiebungen bezüglich Schwellwert und Abtragrate.

Für den Vergleich von Bearbeitungsergebnissen mit engen Geschwindigkeitsbereichen und einheitlichen Oberflächen sollte der Anwender die Auftragungsart nach Bild 29 berücksichtigen.

2.6.5   Bohren

Das Bohren ist eine der ersten Laserapplikationen. Es werden heute gepulste Laser eingesetzt, die für hohe Pulsspitzenleistungen um 50 kW bei kurzen Pulsdauern unter 1 ms optimiert werden - vor allem Nd:YAG oder Nd:GGG Laser, aber neuerdings auch Kupferdampf-Laser. Mit einem oder mehreren Pulsen können Bohrungen von einigen μm bis zu einem mm Durchmesser bei Schachtverhältnissen bis weit über 1:20 erzeugt werden. Für Bohrungen ab ca. 0.2 mm kann die Bohrung auch mit dem sogenanten Trepanning-Verfahren ausgeschnitten werden [85]. Selbst mit gepulsten Lasern, die nicht für das Bohren optimiert sind (gepulste Laser mit Pulsspitzenleistungen von 5 - 10 kW und einem optimierten Leistungsbereich bei Pulsdauern von einigen ms), lassen sich Bohrungen mit Schachtverhältnissen bis zu 1:10 gut erreichen.

Die Problematik beim Laserbohren besteht in der Durchmesser-Toleranz (5 % des Nenndurchmessers) und Konizität der erzeugten Bohrungen [86], [87]. Nur mit optimierter Gasführung kann eine Beeinträchtigung der umgebenden Oberflächen vermieden werden. Die erreichbare Minimierung der Streuung ist für Kühl- und Schmierbohrungen völlig ausreichend. Die Fertigung von Düsen für flüssige Medien kann jedoch bis heute noch nicht allein mit dem Laser erfolgen, obwohl große Anstrengungen unternommen wurden, um z. B. eine Durchflußkalibrierung online während des Bohrprozesses zu erreichen [88].

Eingeführte Applikationen des Laserbohrens sind z. B. die Fertigung von:

- Bohrungen in Uhren-Lagersteinen (Edelsteine),
- Ziehsteinen aus Diamant bei Durchmessern unter 50 μm [89],
- Kühlbohrungen in Turbinenschaufeln,
- Schmierbohrungen bei Pleuellagern.

Der hohe Optimierungsaufwand und die applikationsspezifische Laserauswahl beschränken heute noch die Anwendung auf wenige Großserienfertigungen oder Fertigung von kostenintensiven Produkten beim Fehlen von Konkurrenzverfahren (s. Kühlbohrungen in Turbinen).

Wegen hoher Qualitätsanforderungen werden meist mechanische (Tiefbohren) oder erosive Verfahren (Drahterodieren) vorgezogen, obwohl das Laserverfahren mit Bohrzeiten von einigen ms bis zu einer Sekunde um Größenordnungen schneller ist und ein Bruchrisiko von mechanischen Werkzeugen nicht vorhanden ist.

3 Auswahl fasergeführter Festkörperlaser als Strahlquellen für Integrationslösungen

Die im vorigen Kapitel dargestellten Grundlagen zu den Themenkomplexen

- Gestaltung der Strahlführung in automatischen Werkzeugwechselsystemen,
- Auswahl der Strahlquelle nach applikationsspezifischen Vorteilen,
- Ansteuerbarkeit und Regelung der Strahlquelle,

müssen zu einem Konsens in einer Entscheidungstabelle mit Muß- und Wunschkriterien zusammengeführt werden. Dabei soll die Wahl der Strahlführung und der damit möglichen Lasersysteme ein möglichst breites und auch unter betriebswirtschaftlichen Gesichtspunkten sinnvolles Anwendungsspektrum ermöglichen und Prozeßregelungs - und Prozeßsicherungsmaßnahmen möglichst einfach integrieren. Die Gewichtungsfaktoren und die Festlegung von Mußkriterien sind an produktionsspezifische Gegebenheiten und Applikationsschwerpunkte anzupassen.

Mit der Entscheidung für eine Faserführung werden sowohl die CO_2-Laser wie auch Anwendungen mit Festkörperlasern bei notwendigen Fokusdurchmessern unter 100 µm ausgeschlossen. Die Möglichkeit einer vollständigen oder teilweisen (nach der Glasfaser) Freistrahlführung ist für die jeweiligen Gegebenheiten von Entfernung, Strahlqualität des Lasers und der zur Verfügung stehenden Durchmesser zu untersuchen. Für kleine Drehzentren wie die im Kap. 4.2 vorgestellten Maschinen INDEX GS30 und G200 ist die Entscheidung für die flexible Glasfaser aus Bauraumgründen zwingend.

Mit Gewichtungsfaktoren "G" können in Tabelle 4 die Schwerpunkte der verschiedenen Bearbeitungsverfahren bei den Wusnschkriterien gekennzeichnet werden. Zur Bewertung der Erfüllung dieser Wunschkriterien werden Wertzahlen "WZ" im Vergleich der Lasersysteme vergeben. Daraus werden gewichtete Wertzahlen $gWZ = G{\cdot}WZ$ errechnet, die in ihrer Aufsummierung "Summe der gWZ" das Ergebnis der Bewertung eines Lasersystems darstellen. Die gezeigte Festlegung entspricht der Einschätzung des Autors unter Berücksichtung der in dieser Arbeit realisierten Applikationen in Zusammenarbeit mit mehreren industriellen Partnern. Die Wertzahlen spiegeln die Vorteile der höheren Absorption und der Pulsbarkeit mit hohen Pulsspitzenleistungen des Festkörperslasers wieder. Für CO_2-Laser sind Vorteile durch kleinere Fokusdurchmesser bei vergleichbarer Leistung insbesondere beim Tiefschweißen sowie die niedrigeren Investitionskosten der Strahlquelle zu berücksichtigen.

Die Tabelle soll selbstverständlich nicht einen 50 Q-switch YAG Laser mit einem 3000 W CO_2-Laser vergleichen, sondern verdeutlichen, daß die Festlegung auf eine Faserführung als Strahl-Schnittstelle die wichtigsten Bearbeitungsverfahren erlaubt. Lediglich das Arbeiten mit kleinsten Fokusdurchmessern wird ausgeschlossen.

ZIELE	Nd:YAG 1 - 3 kW cw	Nd:YAG 300 W gepulst	Nd:YAG 50 W Q-switch	CO$_2$ 1 - 3 kW cw
	bei Faserführung			
mögliche MUSS-Kriterien	erfüllbar (J/N)	erfüllbar (J/N)	erfüllbar (J/N)	erfüllbar (J/N)
Faserführung	J	J	J	N
Fokus < 100 µm	N	N	J	J/N
Fokus < 200 µm	N	J	J	J
Härten ohne Absorptionsschicht	J	N	N	N

WUNSCH-Kriterien	G	Information	WZ	Information	WZ	Information	WZ	Information	WZ
notwendige Applikationen									
Schweißen		bis 4 mm		bis 1.5 mm				bis 6 mm	
Prozeßsicherheit Stahl	3	besser als CO$_2$	3	nur bis 1 mm	1	-	0		2
bis 1 mm Tiefe	3	Einkoppel-vorteile	3	red. Wärme-belastung	2	-	0	ja	1
bis 3 mm Tiefe	3	nur niedrige Geschw.	2	-	1	-	0	kleinerer Fokus	3
über 3 mm Tiefe	1	-	1	-	0	-	0	ja	3
Härten	3	gut	3	-	1	-	0	ein-geschränkt	1
Abtragen	2								
Caving Stahl	3	-	1	hohe Abtragraten	3	hohe Abtrag-qualität	3	eingeschr. Pulsbarkeit	2
Caving Mo, W, ...	1	-	0	ja	1	ja	3	-	0
Spanen Stahl	3	ja	2	ja	2	ja, sehr kleine Foki	3	ja	2
Bohren	2	-	0	ja	3	nur Folien	1	-	0
Beschriften	1	nur Spanen	1	grob	2	fein	3	nur Spanen	2
Kosten									
Strahlquelle	3	ca. 180 TDM/kW	1	ca. 100 TDM	2	ca. 80 TDM	3	ca. 120 TDM/kW	3
Strahlführung 20m, 3 Freiheitsgrade	3	10 TDM	3	10 TDM	3	10 TDM	3	30 TDM	1
Ansteuerbarkeit	1	1 kHz	1	1 kHz	1	> 25 kHZ	3	10 kHz	3
Prozeßregelung	2	(*)	3	(*)	3	(*)	3	(*)	1
Zukunfts-perspektiven	1		3		3		3		1
Summe der gWZ			**66**		**64**		**56**		**56**

G - Gewichtungsfaktor (1-3)   WZ - Wertzahl (0-3)   gWZ - gewichtete Wertzahlen

(*) - siehe Diskussion im Text   gWZ = G * WZ

Tabelle 4   Bewertungstabelle zur Auswahl von Strahlquellen für laserintegrierte Bearbeitungszentren.

Wenn eine Prozeßregelung notwendig ist, läßt sich dies bei den Festkörperlasern meist viel einfacher und kompakter über Glasoptik und konzentrische Strahlteiler realisieren und integrieren.

Mit der Zeile "Zukunftsperspektiven" wird angedeutet, daß mit der Faserführung die Schnittstelle zu neuen, kostengünstigeren und leistungsfähigeren Systemen auf Basis von Laserdioden gegeben ist.

Die Entscheidung für die Festkörperlaser ist nach Tabelle 4 mit den höchsten Summen der gewichteten Wertzahlen für einen weiten Einsatzbereich auch unter Kostenaspekten und bei Variation der Gewichtungsfaktoren die logische Konsequenz.

Für den einzelnen Anwender muß Tabelle 4 an die eigenen Verhältnisse angepaßt werden. Für ein zu betrachtendes Teilespektrum sind sicher nicht alle Verfahren anwendbar oder sinnvoll und somit zu streichen. Ebenso können die Gewichtigungsfaktoren anders verteilt werden, indem z. B. die erwarteten Häufigkeiten der Anwendung oder Jahresstückzahlen innerhalb einer Teilefamilie herangezogen werden.

4 Konstruktive und steuerungstechnische Integrations- lösung

4.1 Bestehende Schnittstellen und Lösungsansätze

4.1.1 Mechanische Kopplung für automatischen Werkzeugwechsel

Bild 30 zeigt die Verallgemeinerung der Aufgabenstellung. Ein Bearbeitungskopf muß am gegebenen Werkzeughaltersystem befestigt werden. Die Laserstrahlung kann axial oder radial zu einer Hohlwelle zugeführt werden. Für die eleganteren axialen Lösungen können hohle Antriebs- oder Spannmittelwellen genutzt werden. Die Ausführung der Kühlmittelzufuhr (konzentrisch oder achsparallel - mitrotierend oder ortsfest im Lagergehäuse) muß berücksichtigt werden.

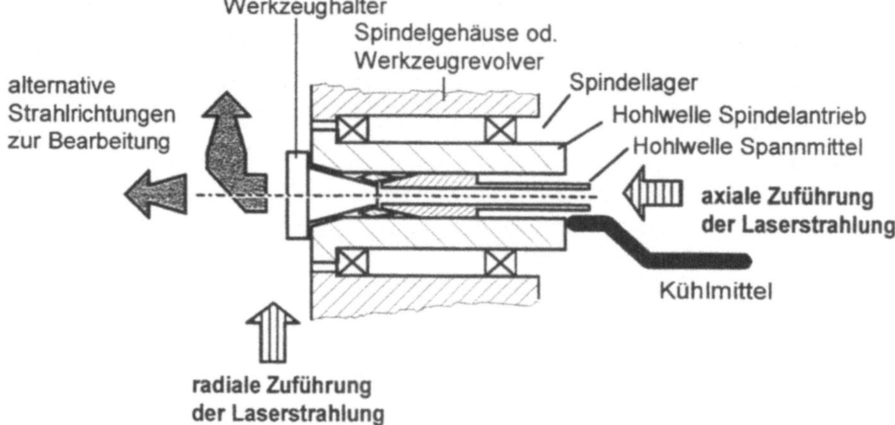

Bild 30 Verallgemeinerung von Fräspindel bzw. angetriebenes Revolver-Werkzeug eines Drehzentrums und Möglichkeiten der Strahlführung.

Die üblichen Werkzeugwechselbewegungen können in Rotationen eines Revolvers (Drehzentrum) oder in Translationen mithilfe einer Greifvorrichtung (Fräszentrum mit Umlaufspeicher) unterschieden werden. An diese Gegebenheiten ist eine Laserintegration bestehend aus (Bild 31)

- Bearbeitungskopf mit Fokussierung,
- Befestigung des Bearbeitungskopfes zum Werkzeughalter,
- Kollimierung des Strahls,
- Faserstecker,
- Führung des kollimierten Strahls,
- Strahlumlenkung und
- Schnittstellen zwischen diesen Komponenten

so anzupassen, daß für die Werkzeugwechselbewegung ein Freiheitsgrad dergestalt eingebaut wird, daß Richtung und Position des Laserfokus (Bearbeitungskopf) nicht verändert wird und ein Knicken der Glasfaser unterbleibt.

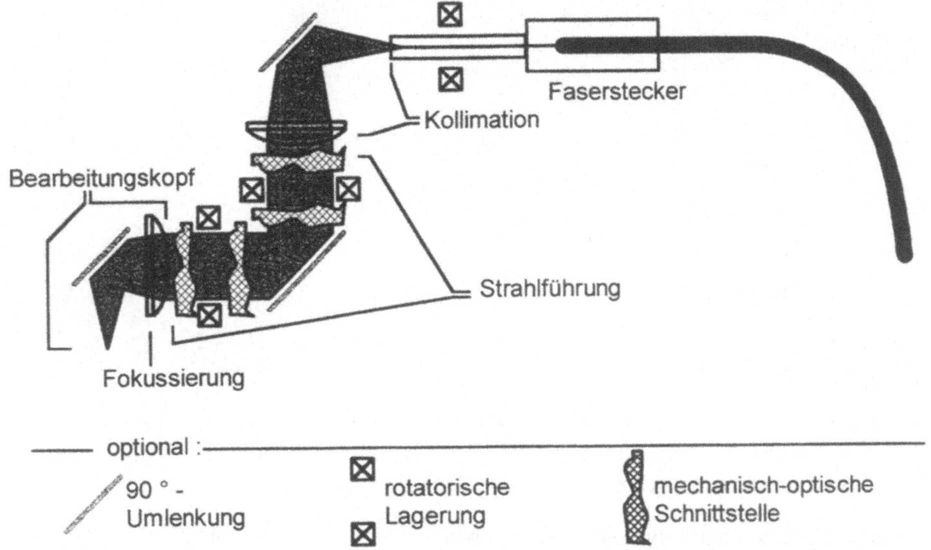

Bild 31 Gestaltungsmöglichkeiten zur radialen oder axialen Laserstrahlführung.

Axiale Zuführungen:

Bei rotatorischen Wechseln kann um den in Achsrichtung propagierenden Strahl drehbar gelagert werden. Durch Strahlumlenkungen kann die gewünschte Richtung erzwungen werden. Eine Zugentlastung für die Glasfaser kann resultierende translatorische Komponenten aufnehmen. Solche Lösungen sind in einem Drehzentrum (Bild 32, [90]) und nach [91] bei einem Knickarmroboter mit Freistrahlführung durch die beiden letzten Handachsen realisiert.

Bei translatorischen Wechseln z.B. in ein Umlaufmagazin muß eine mechanisch-optische Schnittstelle zwischen Bearbeitungskopf und Kollimation eingeführt werden.

Bild 32 Lagerung der Strahlzuführung konzentrisch zur Revolverdrehachse nach der Kollimation (Quelle: Traub AG).

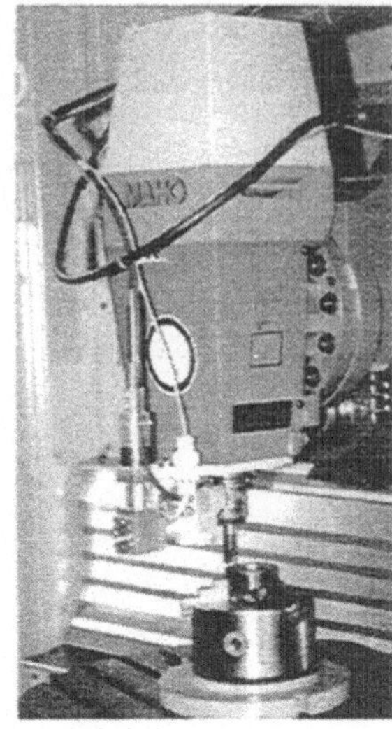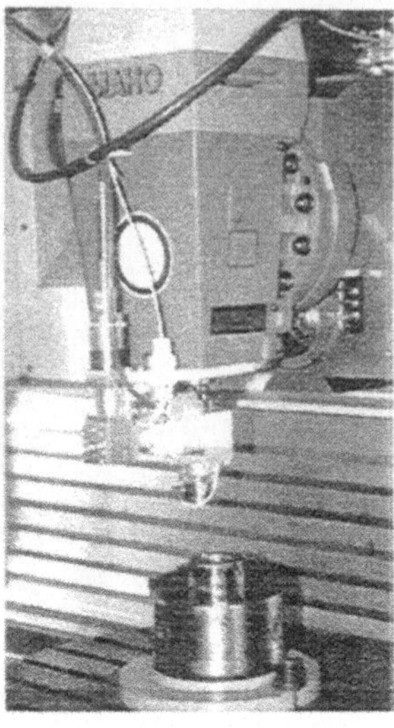

Bild 33 Fräszentrum (Maho MH 800) mit fest installierten Fasern an der Spindel und mechanisch-optischer Schnittstelle zum Bearbeitungskopf. Der Kopf wird im Werkzeugmagazin gespeichert (Quelle: ZFS).

Während der Bearbeitungskopf im Magazin gespeichert werden kann, bleibt die Faser fixiert zur Werkzeughalteraufnahme (Bild 33, nach [92]).

Radiale Zuführungen:

Bei der radialen Strahlintegration in eine Hohlwelle einer Frässpindel oder Revolverdrehachse kann ein zusätzliches Strahlführungselement verwendet werden: der aus der Faser austretende Strahl wird in ein mit der Spindel mitrotierendes Faserstück wieder eingekoppelt (Bild 34 c., [93]). Bei ausreichender Strahlqualitätsreserve kann der gleiche Faserdurchmesser verwendet werden, ansonsten muß ein etwas größerer Durchmesser gewählt werden. Diese Variante ist als detaillierter Entwurf ausgearbeitet [92]. Als Vorteil dieser Variante sind die geringen notwendigen Hohlwellendurchmesser anzuführen, so daß auch bei Frässpindeln mit integrierter Kühlmittelzufuhr eine Strahlführung integriert werden kann. Bei ausreichender Strahlqualität können Fasern desselben Durchmessers gekoppelt werden [94].

Eine Durchführung der Faser bis zum Werkzeughalter (Bild 34 b.) ist möglich, jedoch ist die Fixierung und Lagerung der empfindlichen Faserseele bis jetzt nicht derart gelöst worden, da dann die Standardschnittstellen der Laserhersteller nicht mehr verwendet werden können.

Eine Freistrahlführung (Bild 34 a.) ist bei den heute gegebenen Strahlqualitäten eines Hochleistungsfestköperlasers erst ab Hohlwellendurchmessern von 10 mm möglich. Diese

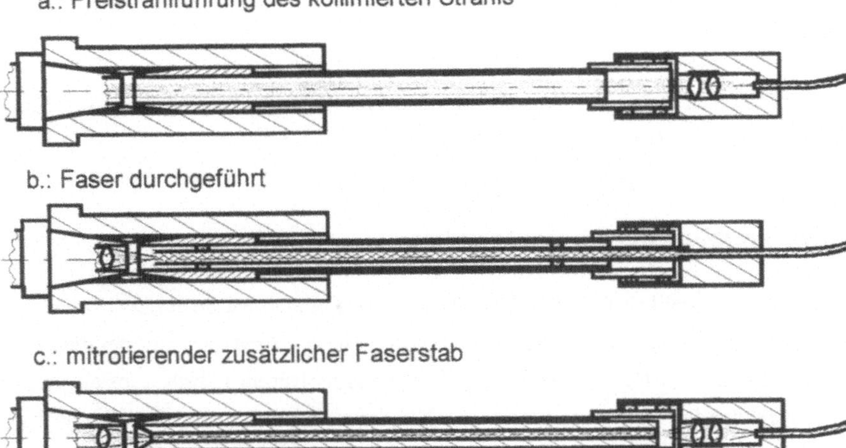

Bild 34 Varianten einer axialen Strahlzuführung durch Frässpindeln oder Revolverachsen (Quelle: ZFS).

Variante wird in Kap. 4.4 für ein Drehzentrum vorgestellt.

4.1.2   Steuerungstechnische Anbindung

Zur steuerungstechnischen Kopplung von Maschinen- und Lasersteuerung müssen Schaltfunktionen (Laser anfordern, Laser EIN, Betriebsart, Strahl EIN, Arbeitsgas EIN, Interlock-Kreise) und Wertegeber (Laserleistung, Frequenz, Pulsdauer) zur Verfügung gestellt werden. Laserleistung und Strahl EIN müssen als sogenanntes schnelles, fliegendes Signal realisiert werden; d. h. die Verfahrbewegung darf nicht durch die Signalausgabe beeinflußt werden. Wünschenswert ist außerdem eine Kopplung von Verfahrgeschwindigkeit und Laserleistung bei Beschleunigung und Eckenfahrt (geschwindigkeitsabhängige Laserleistungsteuerung) - die Laserleistung darf als zusätzliche Achse betrachtet werden. Für einfacherere Maschinensteuerungen und Bearbeitungsaufgaben werden Leistungszyklen auch von der Lasersteuerung erzeugt und nach Triggerung abgefahren.

Bestimmte Zustände wie Kühlwasser- oder Arbeitsgasdurchfluß und die Laserleistung sollten von der Maschinensteuerung kontrolliert und als prozeßkritische Größen überwacht werden.

Die namhaften Steuerungshersteller bieten heute entsprechende laserspezifische Module an. Die Schnittstellen sind dann als kombinierte Digital/Analog-Schnittstellen oder auch über eine Busverbindung ausgeführt.

Die Temperaturregelung bei einigen Prozessen über die Laserleistung wird bislang über externe Rechner oder Regler realisiert.

Für die schnelle Ansteuerung von Q-switch Nd:YAG-Lasern (über 50 kHz) sind externe rechnerbasierte Lösungen erhältlich [95].

4.2   Beschreibung der Versuchsanlage

Für die Durchführung der beispielhaften Verfahrensentwicklungen wurde ein Drehzentrum GS30 der Fa. INDEX umgebaut. Die Spindel mit 30 mm Spanndurchmesser steht bei dieser Anlage auch als C-Achse zur Verfügung. Die beiden Werkzeugrevolver als jeweils translatorische X/Z-Achsen-Einheit werden von zwei getrennten NC-Steuerungen bedient. Die Drehachsen der Werkzeugrevolver sind um 90° zueinander versetzt.

Die Laserintegration wurde als radiale Variante ausgeführt. Durch einen rotatorischen Freiheitsgrad (eine Lagerung um die Strahlaustrittsache zwischen Bearbeitungskopf und Werkzeughalter) wird der Werkzeugwechsel ermöglicht. Die Faser wird dabei durch eine Zugfeder senkrecht nach oben aus dem Arbeitsraum geführt. In dieser Anordnung sind umfangseitige Bearbeitungen möglich (Bild 35). Für stirnseitige Bearbeitungen kann die Optik auf dem zweiten Revolver um 90° gedreht befestigt werden.

Bild 35 Einbausituation am Revolver 1 und Werkzeugwechsel von spanendem (links) zum Laserwerkzeug (rechts) im Drehzentrum INDEX GS30 zur umfangseitigen Bearbeitung.

Die Bearbeitungsoptik ist weitgehend größenoptimiert ausgelegt, s. Bild 36 [96], [97]. Eine Verstellung der Fokuslage ist manuell möglich. Mit einem zweiten Düseneinsatz kann die Schutz- und Arbeitsgasführung auf die Anforderungen des Schweißens eingerichtet werden (Bild 37). Die Optik bildet das Faserende mit jeweils 80 mm Brennweite 1:1 oder wahlweise auch mit einer 100/80 mm Kombination im Verhältnis 1.25:1 ab. Durch Verschieben des Faserendes zur Kollimationslinse kann darüber hinaus die Fokuslage in weiten Bereichen angepaßt werden (s. Formel (15).

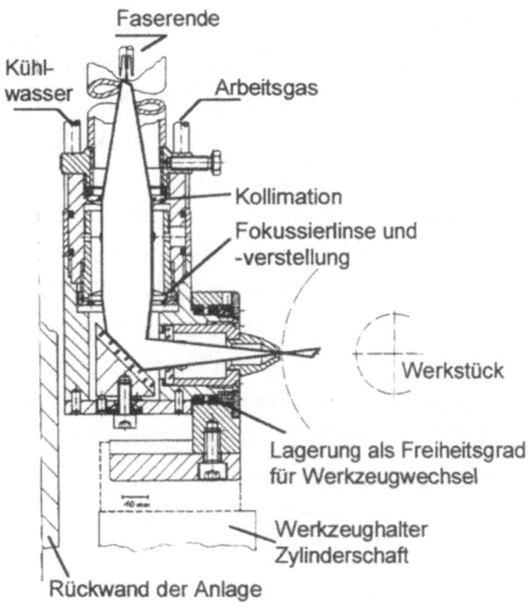

Bild 36 Detailansicht der Konstruktion der integrierten Laseroptik mit konzentrischer Bearbeitungsdüse.

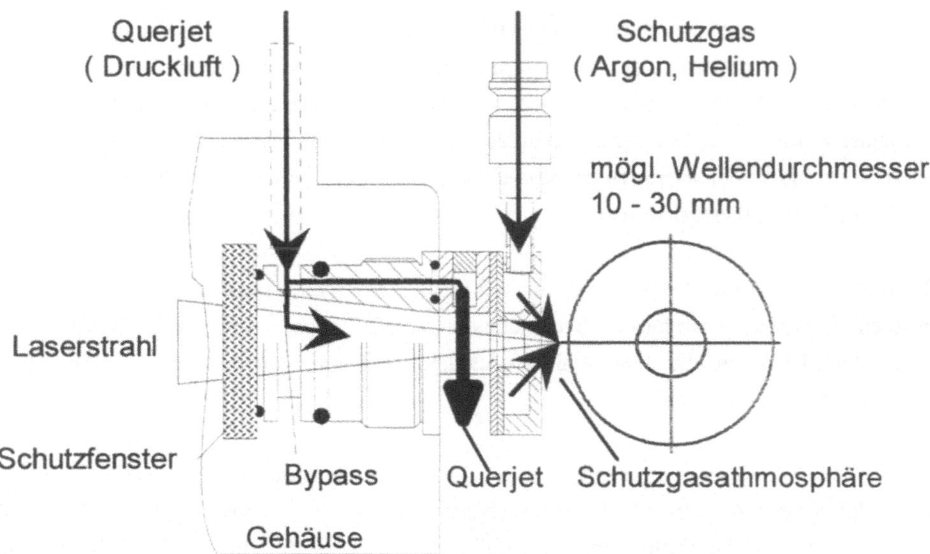

Bild 37 Düseneinsatz zum Schweißen mit integriertem Querjet und Schutzgasführung.

Zur Ansteuerung des Lasers und der Versorgungsfunktionen stehen 32 digitale Ein/Ausgänge und 3 Analogausgänge zur Verfügung, von denen allerdings immer nur einer inklusive der Spindeldrehzahl als fliegende Funktion angesprochen werden kann. Eine schnelle digitale Funktion zum Ein/Ausschalten des Lasers steht nicht zur Verfügung. Die Position der Spindel bzw. C-Achse kann über einen zusätzlichen Drehgeber in einem PC ausgewertet werden und für eine schnelle Ansteuerung der Laserleistung bis 25 kHz verarbeitet werden [98].

Für die im nächsten Kapitel vorgestellten Verfahrensentwicklungen standen über Fasern verknüpft ein cw -Nd:YAG-Laser in verschiedenen Entwicklungsstufen (800 W mit 0.4 mm Faser, 1400 W und 2200 W mit 0.6 mm Faser), ein gepulstes 600 W Nd:YAG-System (0.6 mm Faser, Leistungscharakteristik siehe Bild 3) und ein 50 W Q-Switch Laser Nd:YAG-Laser (Bild 4, 0.6 mm Faser) zur Verfügung. Diese Lasersysteme wurden über ein Strahlführungssystem im Timesharing-Modus über eine frei programmierbare digitale Schnittstelle und drei alternative Analogsignale steuerungstechnisch eingebunden.

4.3 Lasersicherheit

Die berufsgenossenschaftlichen Verordnungen [99] fordern eine vollständige Abschirmung der direkten und reflektierten Laserstrahlung vor den Bedienern. Dies ist insbesondere bei den Festkörperlasern unabdingbar, da bereits Streustrahlung ausreicht, um eine Schädigung der Netzhaut des Auges herbeizuführen. Im Gegensatz zur längerwelligen Strahlung der CO_2-Laser bietet eine Verglasung eines Arbeitsraumes mit Plexiglas oder Glas keinerlei Schutz. Es müssen Filtergläser eingesetzt werden, die aufgrund ihres Preises üblicherweise nur als kleines Schaufenster in DIN A5 - Größe installiert werden, während der restliche Raum blickdicht mit Blechen verkleidet werden muß. Der daraus resultierende ungenügende Überblick des Bedieners kann durch eingebaute Videokameras zu geringeren Kosten wie denen einer vergrößerten Ausstattung mit Filtergläsern verbessert werden.

Die Interlock-Funktionen des Lasers müssen in die Sicherheitseinrichtungen der Anlage mit eingeschleift werden. Auch müssen Bedienungsfunktionen, die ein Anhalten der konventionellen Bearbeitung bewirken, den Laserstrahl ausschalten (Beispiel: Spindel Stopp, Vorschub Halt, Schlüsselschalter Einrichten).

Weniger zum Schutz des Menschen als zum Schutz der Anlage muß gewährleistet sein, daß bei fehlerhafter Programmierung oder Bedienungsfehlern, die zu einer Bearbeitung auf der Stelle führen (Beispiel: Spindeldrehzahl 0 und Vorschub in mm/U), eine Strahlfreigabe unterdrückt wird.

Dennoch müssen für den Einrichtebetrieb diese Sicherheitsfunktionen ganz oder teilweise überbrückt werden. Dann muß der Bediener eine Schutzbrille tragen und eine Lasersicherheitsbelehrung durch den Laser-Sicherheitsbeauftragten des Betriebs im jährlichen Turnus erhalten.

4.4   Vorschlag einer optimierten Lösung

Die in Kap. 4.2 vorgestellte Versuchsanlage bietet nur eingeschränkte Bearbeitungsmöglichkeiten. Es ist nur eine dreiachsige Bearbeitung mit daraus resultierender reduzierter Zugänglichkeit des Bearbeitungskopfes möglich. Die Glasfaser wird durch den Arbeitsraum geführt und die Nutzung von 3 Revolverplätzen ist nicht mehr möglich. Eine Zuführung des Strahls durch eine der Revolverdrehachsen kann diese Beeinträchtigungen bei einer Neukonstruktion umgehen. Diese Aufgabenstellung wurde am Beispiel des INDEX-Drehzentrums GS200 in Schrägbettausführung untersucht [100].

Für diese zweispindlige Anlage steht als zweiter Revolver ein Y/B-Achsen-Modul zur fünfachsigen Bearbeitung zur Verfügung. Der Revolver verfügt sowohl über 12 Drehwerkzeugplätze auf der Vorderseite wie auch über eine Frässpindel zur Schwerzerspanung auf der Rückseite.

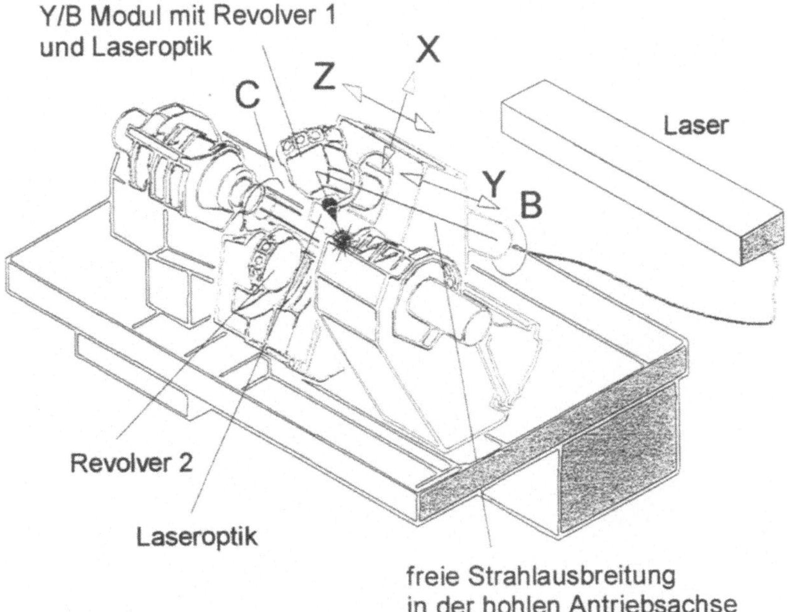

Bild 38 Drehzentrum mit in die Revolverachse integrierter Strahlführung und 5-achsiger Bearbeitungsmöglichkeit.

Unter Verzicht auf diese Frässpindel und der Antriebshohlwellen kann der freie Raum zur Laserstrahlführung nach Bild 34 Variante a. genutzt werden. Dazu wird die Glasfaser am Ende der Revolverachse eingesteckt, der Laserstrahl auf 7 mm Durchmesser kollimiert und über Spiegel zur Bearbeitungsoptik geführt (Bild 38). Die eingesetzte Fokussieroptik beinhaltet eine Strahlaufweitung. In der Parkposition wird die Optik wasserdicht vor Kühlschmiermittel geschützt. Durch einen zusätzlichen Schwenk- und Arretiermechanismus ist auch die Rückseitenbearbeitung auf beiden Spindeln möglich.

5 Beispielhafte Verfahrensentwicklungen zur laserintegrierten Komplettbearbeitung

5.1 Laser-Caving

Mit dem Verfahren des Laser-Cavings kann die Erweiterung der bearbeitbaren Werkstoffe durch eine Laserintegration am Beispiel der hochfesten Konstruktionskeramik Si_3N_4 gezeigt werden. Diese Keramik kann im grünen, nicht gesinterten Zustand durch mangelnde Festigkeit des Grünlings nur sehr einschränkt vorbearbeitet werden. Im gesinterten Zustand erfolgt eine Bearbeitung über Diamantschleifen. Eine Bearbeitung durch erosive Verfahren ist aufgrund der fehlenden elektrischen Leitfähigkeit nicht möglich.

Bei der Bearbeitung mit dem Laser zersetzt sich das Material direkt aus dem festen Zustand in teilweise verdampftes Silizium und gasförmigen Stickstoff. Dadurch wird eine Verschmutzung der bearbeiteten Oberflächen durch das abgetragene Material weitgehend vermieden. Mit der Wahl der Laserparameter und des Vorschubs pro Puls wird eine Auswahl in eine Schrupp- oder Schlichtbearbeitung getroffen (Bilder 39 und 40). Die erreichbaren Oberflächenqualitäten entsprechen denen einer Drehbearbeitung, erreichen jedoch nicht die Qualität einer geschliffenen Oberfläche (Bild 40).

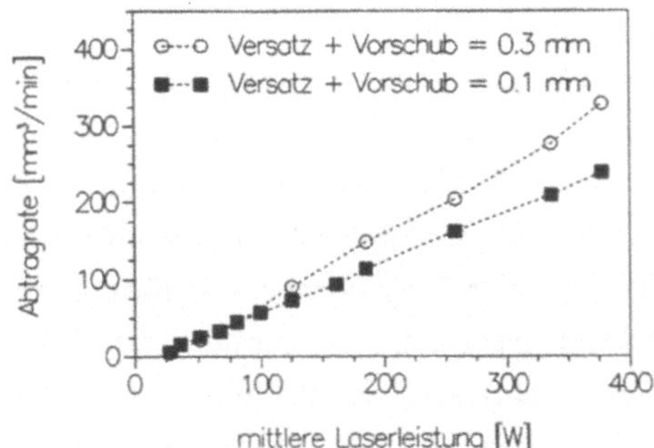

Bild 39 Abtragraten bei der Bearbeitung von Si_3N_4.

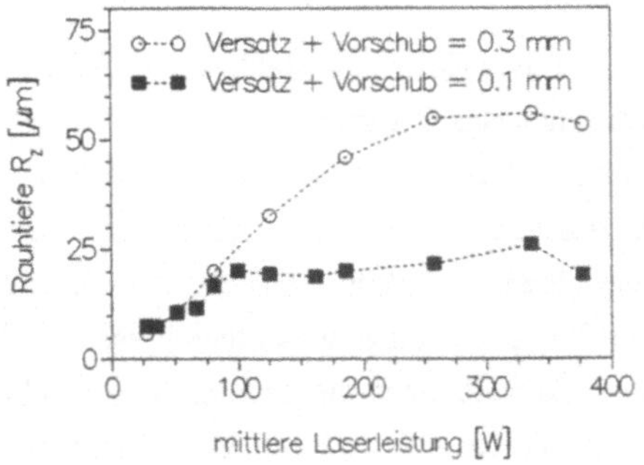

Bild 40 Rauhtiefen bei der Schrupp- und Schlichtbearbeitung von Si_3N_4.

Die Anwendungsmöglichkeit wird durch die Fertigung eines Trapezgewindes Tr20x4 auf einem Si_3N_4-Bolzen demonstriert. Mit einem Fokusdurchmesser von 0.45 mm wird in 3 Schichten Spur für Spur entsprechend der Gewindeform unter Nutzung der Gewindeschneidfunktion des Drehzentrums abgetragen. Die Feinbearbeitung und Einpassung in das Si_3N_4 Muttergewinde erfolgte nach der Vermessung mit einem Abstandssensor. Mit diesem Abstandssensor wurde auch eine

Optik aufgebaut, die eine automatische Online-Regelung der Abtragtiefe erlaubt [78].

Zum Vergleich mit der herkömmlichen Schleifbearbeitung müssen die auf die Werkzeugbreite bezogenen Abtragraten herangezogen werden. Beim Schleifen von Si_3N_4 werden bezogene Abtragraten von 300 mm^3/min/mm erreicht, mit dem Laser dagegen über 1000 mm^3/min/mm. Hieraus läßt sich für die Laserbearbeitung ein Zeitvorteil bei Strukturgrößen kleiner als 3 mm ableiten. Für die Steigerung der Abtragrate ist bei solch kleinen

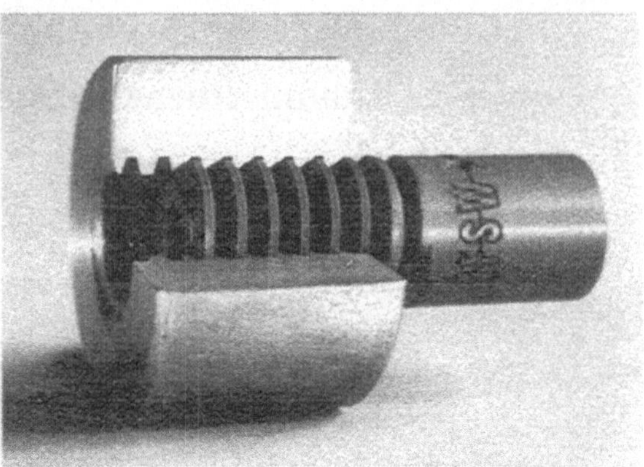

Bild 41 Fertigung eines Trapezgewindes Tr20x4 und Tiefbeschriftung auf einen Bolzen aus Si_3N_4 mit einem gepulsten 600 W Laser, Bearbeitungsdauer 20 min.

Strukturen jedoch nicht die Laserleistung limitierend, sondern die Dynamik und Genauigkeit der Bearbeitungsanlage und Steuerung bei Vorschüben von 5 - 10 m/min. Da Geschwindigkeitsschwankungen durch eine Variierung der Pulsüberlappung die Abtragtiefe beeinflussen, muß die Bearbeitung bei konstanter Geschwindigkeit und möglichst mit einer Tiefenregelung durchgeführt werden. Vor Umkehrpunkten der Bewegung muß der Laser ausgeschaltet und die Verfahrwege entsprechend programmiert werden.

Beim Laser-Caving an Stahlwerkstoffen ist die Abtragqualität wesentlich schlechter. Die Oberflächenrauhigkeit korreliert mit der Größe des Laserfokus. Sie lässt sich durch geeignete Überlappung der Laserpulse in eine Größenordnung von $\frac{1}{5}$ des Fokusdurchmessers reduzieren. Da die bezogenen bzw. absoluten Abtragraten der bei Stahlwerkstoffen anwendbaren konventionellen Verfahren wie Fräsen, Schleifen oder Erodieren die des Laser-Cavings um ein Vielfaches übertreffen bei allerdings wesentlich besseren Oberflächenrauhigkeiten, wird hier das Laser-Caving erst sinnvoll, wenn die gewünschten Strukturgrößen kleiner als einige 0.1 mm sind und nicht mehr mit einem konventionellen Verfahren zu erreichen sind. Als überzeugendes Beispiel kann das auf Seite 56 beschriebene Verfahren des Laserhonens angeführt werden.

5.2   Laser-Spanen

Für das Abtragen an Stahlwerkstoffen kann das Laserspanen mit dem Vorteil sehr hoher Oberflächenqualitäten eingesetzt werden. Außerdem erleichtert die niedrige Vorschubgeschwindigkeit

von 0.5 - 2 m/min die integrierte Anwendung in für
hohe Zerspankräfte optimierte Werkzeugmaschinen,
die mit Ausnahme von HSC-Anlagen bei höheren
Geschwindigkeiten nur unzureichende Bahngenau-
igkeiten, insbesondere bei eckigen Konturen, aufweisen. Bild 42 zeigt eine Tasche, die aus einer Welle (St37) mit Durchmesser 30 mm ohne Tiefenregelung ausgearbeitet wurde [101]. Die Oberflächenrauhigkeit kann auf Werte von R_z = 2 µm reduziert werden, wird jedoch immer von einer größeren Wellig-
keit (im Beispiel W_t = 15 µm) überlagert. Zur Ver-

Bild 42 Im Drehzentrum lasergespante Tasche 15 x 15 x 2 mm mit R_z = 5 µm und W_t = 15 µm.

meidung von Vertiefungen durch die Umkehrung der Verfahrrichtung an den Kanten müssen
diese überfahren und der Laser an der Kante ausgeschaltet werden, so daß die eigentliche
abzufahrende Fläche um die Beschleunigungswege vergrößert wird. Ohne Tiefenregelung wird
bei konstanten Parametern keine konstante Abtragtiefe erreicht. Bild 42 zeigt eine deutliche
kissenförmige Verzerrung des Taschengrunds um +/- 0.3 mm nach den für die Tiefe von 2 mm
erforderlichen 20 Abtraglagen. Dieser Effekt kann über die geringere Erwärmung der Welle in
den Randzonen im Vergleich zur Taschenmitte zu erklärt werden.

Unter wirtschaftlichen Gesichtspunkten ist das gezeigte Bearbeitungsvolumen bzw. die Struktur
zu groß. Während die Kleinheit des Laserwerkzeugs Eck- und Kantenradien in der Größe des
Laserfokus erlaubt (im Beispiel 0.6 mm), sollte der Prozeß mit einer Fräsbearbeitung für die
großen Volumina kombiniert werden.

Bei einer Faserführung sind die einzelnen Spurbreiten auf Werte größer als 0.1 mm limitiert (bei
einer 2:1 Abbildung einer 0.2 mm Faser). Da der Prozeß nur bei Intensitäten um 10^4 - 10^6 W/cm^2
in Abhängigkeit vom Fokusdurchmesser funktioniert, sind dann lediglich Laserleistungen von 10 -
100 W notwendig, Tabelle 5. Die üblicherweise über Glasfaser zur Verfügung stehende Laserlei-

Laserleistung verfügbarer Laser	50 W	1000 W	3000 W
verfügbarer minimaler Faser-Ø	0.2 mm	0.4 mm	0.6 mm
mittlere benötigte Laserleistung zum Spanen bei 2:1 Abbildung (Versuchswerte)	10 - 50W	20 - 100W	25 - 150W
mittlere benötigte Laserleistung zum Spanen bei 1:1 Abbildung (schlanke Optik mit guter Zugänglichkeit)	20 - 100W	40 - 200W	50 - 300W

Tabelle 5   Laserleistung und Faserdurchmesser für das Laserspanen bei industriell
verfügbaren Systemen.

stung ist bei weitem ausreichend und kann vollständig nur mit wesentlich breiteren Spuren genutzt werden. Maßgebend für die Laserauswahl ist die gewünschte Strukturgröße!

5.3   Entgraten und Kantenbrechen

Mit diesen Techniken wird eine spezielle Variante des Laserspanens an Stahlwerkstoffen durchgeführt. Als Kantenbrechen sollen solche Bearbeitungen verstanden werden, die eine nach der konventionellen Bearbeitung scharfe Kante mit Mikrograten verrunden. Als Entgraten wird der Vorgang des Entfernens von Gratfahnen mit mehreren 0.1 - 1 mm Ausdehnung und eines Teils der Kante bezeichnet. Durch das Verrunden und Abtragen der Kante sollen

- Fügevorgänge ermöglicht,
- eine Verletzungsgefahr ausgeschaltet und
- das spätere Abbrechen von Grat-Teilchen verhindert werden.

Die üblicherweise durchgeführten Verfahren unterscheiden sich in solche, die eine lokal begrenzte und definierte Bearbeitung im Sinne einer Anfasung durchführen:

- Fräsen,
- Drehen und
- Bohren mit Spezialwerkzeugen;

und solche, bei denen sich die Wechselwirkungszone nicht direkt begrenzen läßt:

- Bürsten,
- thermisches Entgraten und
- chemisches Ätzen.

Das Laser-Entgraten konkurriert mit den lokal begrenzbaren Verfahren, also einer Anfasung. Eine Fase, die auch dekorativen Zwecken dient, kann mit dem Laserverfahren nicht erreicht werden. Bild 43 verdeutlicht die zur Funktionserfüllung einer Verrundung notwendigen Maßangaben im Vergleich zur Fase.

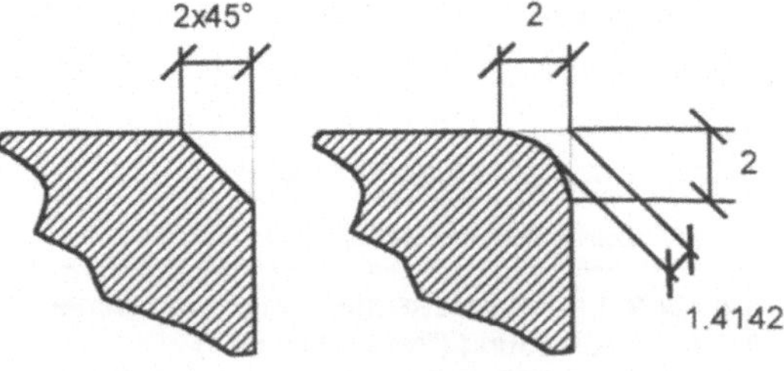

Bild 43 Skizze zu Fase und Verrundung mit Darstellung der zwangsläufigen Freiheitsgrade für das Laserentgraten.

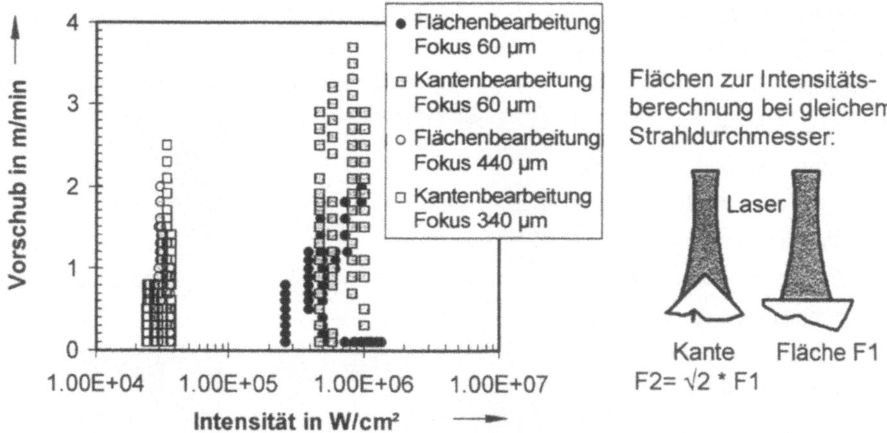

Bild 44 Vergleich des Laserspanens bei der Flächen- und Kantenbearbeitung hinsichtlich der möglichen Geschwindigkeiten und der erforderlichen Intensitäten unter Berücksichtigung des Fokusdurchmessers.

Zum **Kantenbrechen** [102] genügt das einmalige Überfahren einer Kante. Da die Bearbeitungszone als Abgrenzung zum Entgraten klein bleiben soll, wurde für die Versuchsdurchführung ein 50 W cw YAG-System gewählt. Da keine 0.2 mm Faser zur Verfügung stand, wurde mit dem Freistrahl des Lasers bei Fokusdurchmessern von 60 - 440 µm gearbeitet, was die Übertragbarkeit der Ergebnisse in diesem Fall kaum einschränkt. Im Vergleich zur Einzelspurbearbeitung auf einer Ebene verschieben sich die für das Funktionieren des Laserspanens möglichen Laserparameter durch die geänderten Wärmeleitungsverhältnisse zwischen Ebene und Kante. Während die notwendigen

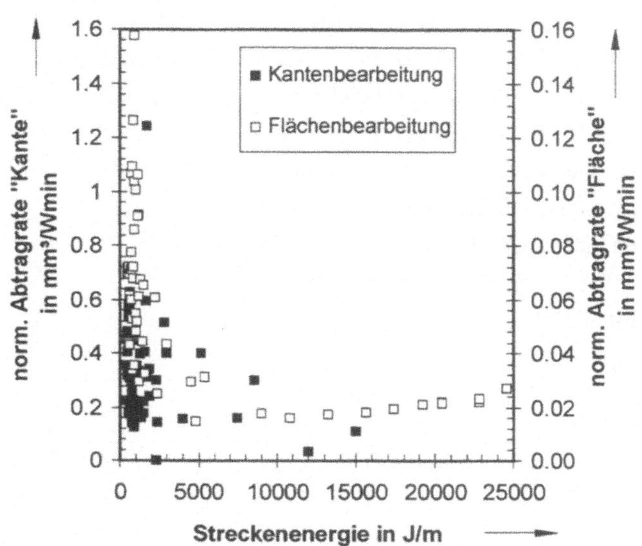

Bild 45 Effizienzsteigerung des Abtragens bei der Kantenbearbeitung; die zugeordneten Y-Achsen unterscheiden sich um den Faktor 10.

Intensitäten unter Berücksichtigung der bestrahlten Flächen (bei Bestrahlung der Kante ist im Vergleich zur Ebene bei gleichem Strahldurchmesser die bestrahlte Fläche um dem Faktor $\sqrt{2}$ größer) kaum verändert sind, Bild 44, werden die erreichbaren Geschwindigkeiten, Abtragraten und die Effizienz als normierte Abtragrate entsprechend der Darstellung in Bild 45 um eine Größenordnung gesteigert.

Durch Variation von Fokusgröße, Intensität und Geschwindigkeit kann die Größe und Form der Verrundung beeinflußt werden, Bild 46. Die Kantenrauhigkeiten entsprechen den schon in Bild 27 dargestellten Werten.

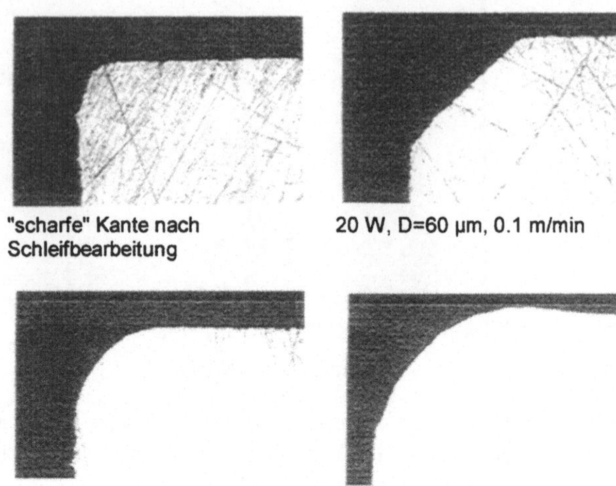

Bild 46 Kantenformen beim Kantenbrechen mit einem 60 W Laser. Maßstab: obere Reihe 200:1, untere Reihe 100:1. Das Bild oben links zeigt den Ausgangszustand.

Das **Entgraten** benötigt zum Entfernen einer Kante im Bereich um 2 mm einen größeren Fokusdurchmesser und eine höhere Leistung im Vergleich zum Kantenbrechen. Diese Versuchreihen [103] konnten deshalb direkt im Drehzentrum mit Fokusdurchmessern von 2 und 2.7 mm und 50 - 150 W mittlerer Leistung durchgeführt werden. Um die Reproduzierbarkeit der Versuche zu gewährleisten, wurden durch ein Drehen und Einstechen an der Stirnseite von Wellen aus St 37 "Grate" nach Bild 47 hergestellt.

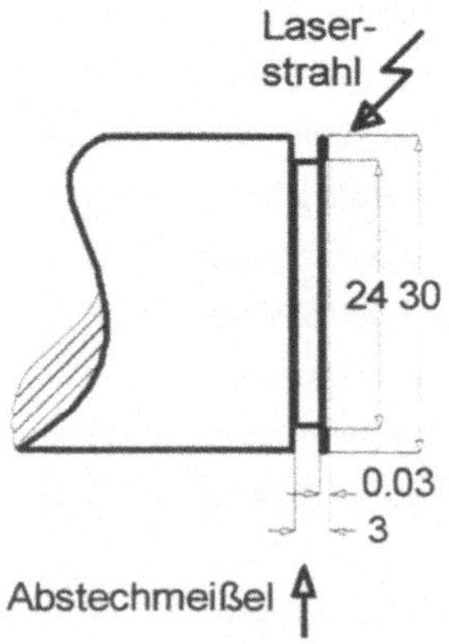

Bild 47 Skizze des "Grats" zur Anordnung und Fertigung durch Einstechen.

Bild 48 Kante nach dem ersten Umlauf mit
abgetrennter Gratfahne.

Bild 49 geglättete und verrundete
Kante nach dem zweiten Umlauf

Der Entgratprozeß selbst wird in zwei Stufen durchgeführt:

- im ersten Umlauf wird durch ein sehr instabiles Laserspanen die Gratfahne von der Kante
  getrennt, Bild 48,

-

- im zweiten Umlauf wird diese Rohkante zur gewünschten Form abgetragen und geglättet,
  Bild 49. Dieser Bearbeitungsschritt entspricht dem Kantenbrechen, es sollen jedoch Ver-
  rundungen im mm-Bereich erreicht werden.

Mit dieser Vorgehensweise können Kantenformen nach Bild 50 eingestellt werden. Bild 51 und
52 zeigen die eingestellten Parameter, wobei der Bezug zu Bild 50 über die Abtragrate und die
Fokuslage ("Düsenabstand") hergestellt wird.

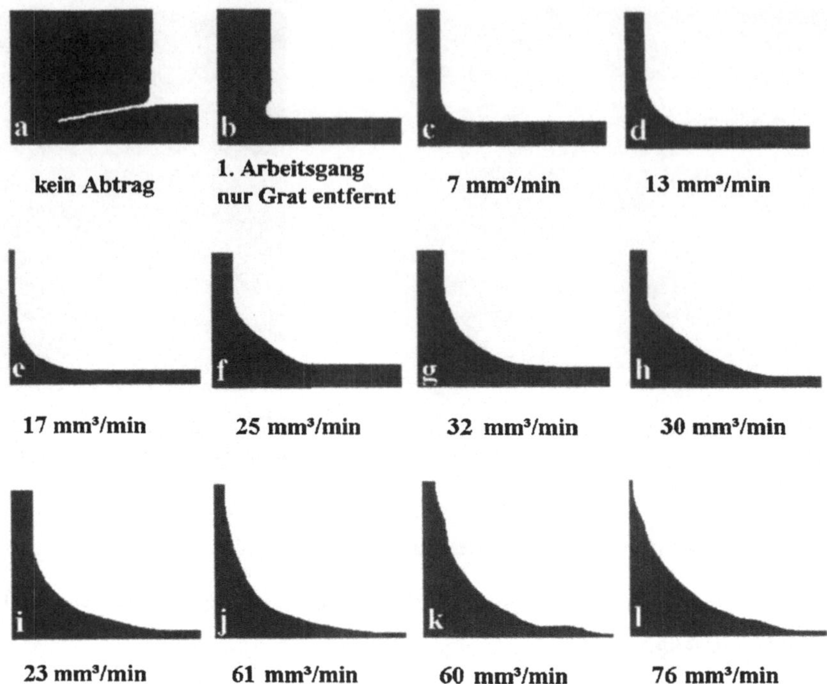

Bild 50 Kantenformen beim Entgraten, Maßstab 10:1, Parameter ist die Abtragrate unter Bezug auf Bild 52.

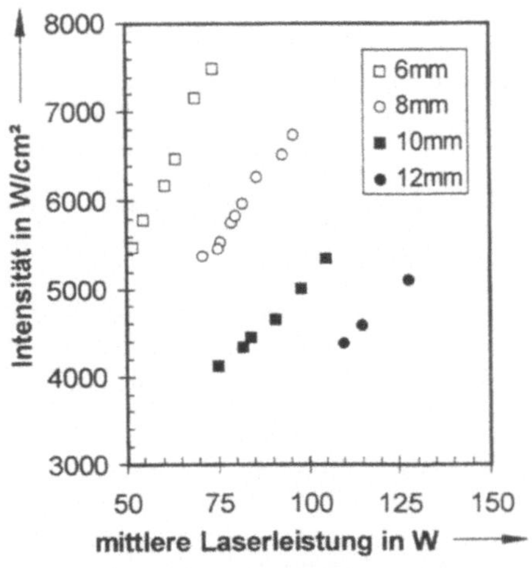

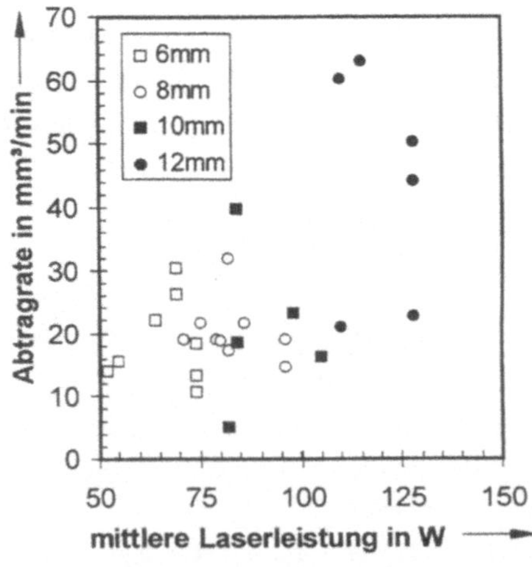

Bild 51 Intensität und Laserleistung beim zweistufigen Entgraten mit gepulstem 600 W-Laser (Legende gibt die Defokussierung an).

Bild 52 Abtragraten beim Entgraten zu Bild 51 und 50 (Legende gibt die Defokussierung an).

Eine Temperaturerhöhung der Probe durch die sukzessive Erwärmung bei der Stangenbearbeitung um 50 °C kann den Prozeß allerdings massiv beeinflussen. Um diesen Effekt nachzuweisen, wurden mit den gleichen Laserparametern an einer Probengeometrie nach Bild 47 die Abtragraten ermittelt. Die unterschiedlichen Werkstücktemperaturen wurden durch Wartezeiten und Abkühlung nach dem Einstechen und nach dem ersten Umlauf erreicht - die absoluten Temperaturwerte sind demnach als typisch für eine Bearbeitung anzusehen. Zur Temperaturmessung wurde ein berührender Temperaturfühler mit notwendigen Meßzeiten von ca. 10 s verwendet. Bild 53 zeigt ein deutliches Schwellverhalten des Abtragprozesses (in Form der erzeilten Abtragrate), und damit ergibt

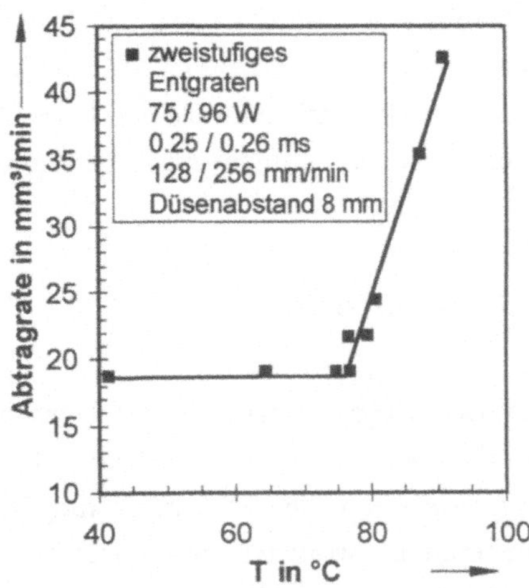

Bild 53 Einfluß der Werkstücktemperatur auf das Laserspanen beim Entgraten.

sich nach Bild 50 auch eine starke Temperaturempfindlichkeit der Kantenform bzw. des Kantenradius bei Temperaturunterschieden, deren Schwankungsbreite inder Praxis als realistisch einzuschätzen sind. Auch die Bearbeitungsqualität der Kante ändert sich.

Solche instationären Aufheizvorgänge können hervorgerufen werden durch:

- das Laserspanen an dünnwandigen Teilen, wenn der Spuranfang wieder erreicht wird,
- ein Aufheizen des Restmaterials durch die Drehbearbeitung bei der Stangenbearbeitung (ohne Kühlschmiermittel),
- unterschiedliche Wartezeiten aufgrund geänderter Vorschübe, Werkzeugwechsel oder ähnliche bedienerrelevante Aktivitäten,
- Abnutzung der Drehwerkzeuge.

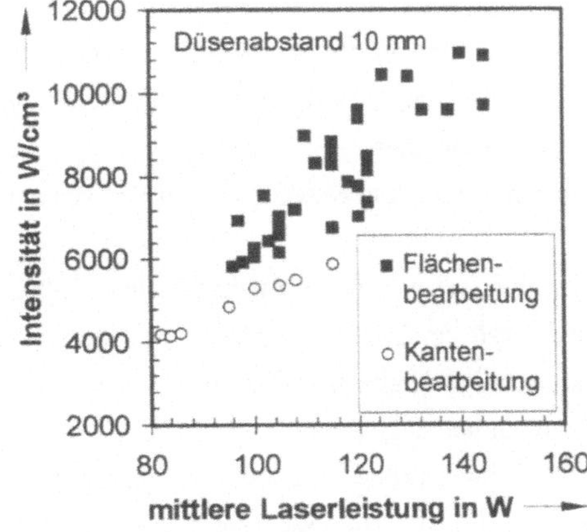

Um diese Effekte auszuschließen, sollte in einen Bearbeitungskopf eine temperaturabhängige Regelung der Laserleistung, wie sie beim Härten oder Beschichten Stand der Technik ist, integriert werden oder eine Online-Regelung der Abtragtiefe mit integriert werden.

Bild 54 Parameterverschiebung beim Laserspanen zwischen Flächenbearbeitung und Entgraten einer Kante.

Beim Entgraten tritt der Effekt der Parameterverschiebung von der Flächen- zur Kantenbearbeitung und darüber hinaus zum Abtrennen der dünnen Gratfahne noch ausgeprägter auf als beim Kantenbrechen. Die notwendigen Intensitäten werden fast auf die Hälfte reduziert und das Prozeßfenster zu niedrigeren Laserleistungen bzw. Intensitäten hin verschoben, Bild 54.

5.4   Bohren

Das Hauptanwendungsgebiet des Bohrens liegt in einem Durchmesserbereich von einigen 10 μm bis zu einigen 100 μm. Um die kleineren Durchmesser erzielen zu können, muß auf eine Faserführung verzichtet werden. Mit Faserführung können Bohrungen von 0.2 mm bis über 1 mm Durchmesser erreicht werden. In diesem Durchmesserbereich ist das Bohren mit Spiral- oder Tieflochbohrern zwar gut möglich, jedoch mit der Gefahr von Werkzeugbruch und langen Prozeßzeiten verbunden. Die Toleranzen und Zylindrizität einer spanend bearbeiteten Bohrung kann mit dem Laser bislang nicht erreicht werden, sind jedoch für viel Anwendungen wie Entlüftungs- und Schmierbohrungen auch gar nicht notwendig. Für solche Anwendungen kann gerade in einer laserintegrierten Anlage das Laserbohren eingesetzt werden.

Mit den im folgenden dargestellten Versuchsreihen [104] soll nachgewiesen werden, daß auch unter den für ein effizientes Bohren schwierigen Einsatzbedingungen -

- große Fokusdurchmesser mit dadurch reduzierten Puls-Intensitäten,
- minimale Arbeitsabstände mit resultierender Verschmutzunggefahr der Optik durch Spritzer,
- für das Bohren nicht optimierte Laser (im Vergleich zu Bohrlasern geringe Pulsspitzenleistungen) mit jedoch breiter Anwendungsmöglichkeit auch zum gepulsten Schweißen und Schneiden -

ein Einsatz auch in Konkurrenz zu den spanenden Verfahren möglich und sinnvoll ist.

Um die Zielvorgabe von zylindrischen Bohrungen mit 1 mm Durchmesser ohne Ablagerungen und Grate an Bohrungseintritt- und -austrittseite zu erreichen und die Spitzerbildung auf das notwendige Maß zu reduzieren, wurden für die dargestellten Versuchsreihen die folgenden Maßnahmen angewendet:

- zweistufige Prozeßunterteilung in Durchbohren und Durchmesserkalibrierung,
- Einsatz von Sauerstoff als Prozeßgas beschleunigt den Bohrprozeß, begünstigt die Kalibrierung und unterbindet die Ablagerung von Schmelzspritzern,
- zum Durchbohren werden reduzierte Pulsspitzenleistungen und Pulsenergien (Pulsdauern) zur Kontrolle der Verschmutzung der Optik eingesetzt,

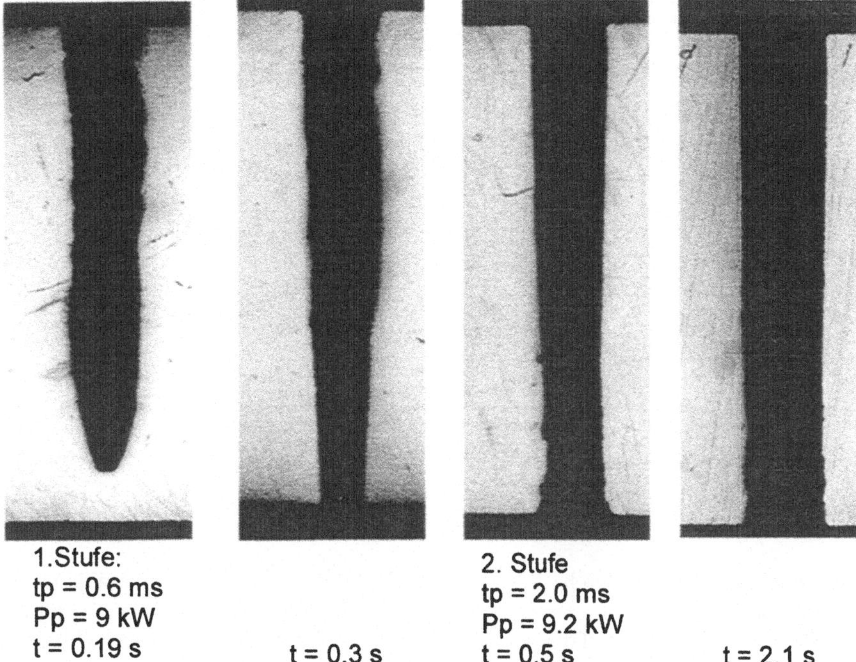

Bild 55 Ausbildung des Bohrlochs beim Durchbohren und während der Durchmesserkalibrierung.

- zur Kalibrierung werden maximale Pulsspitzenleistungen und angepasste Pulsenergien
  (Pulsdauern) und Fokuslagen ausgewählt.

Dieser zweistufige Prozeßablauf ist in der Bildfolge in Bild 55 an einer Probe aus Stahl Ck45,
5 mm dick, gezeigt. Während die Durchbohrung - und damit eine Funktionserfüllung als Schmier-
oder Entlüftungsbohrung - bereits nach 0.3 s gewährleistet ist, benötigt die Kalibrierung des
Durchmessers und der Zylindrizität wesentlich länger.

In Bild 56 und Bild 57 sind die entsprechenden Zahlenwerte dargestellt. Der Eintrittsdurchmesser
(Bild 56) bleibt im wesentlichen konstant, wobei die einzelnen Meßwerte gleichzeitig das Toleranzfeld aufeinander folgender Versuche bei konstanten Parametern zeigen. Die Zylindrizität
dagegen, als Verhältnis von Eintritts- zu Austrittsdurchmesser, repräsentiert (Bild 57), kann
gezielt über die Pulsanzahl respektive die Bohrzeit eingestellt werden.

Im gleichen Zusammenhang muß natürlich auch die konkurrenzlose Möglichkeit des beliebigen
Bohrwinkels demonstriert werden. Bild 58 zeigt eine Variation des Einfallswinkels von 90° zu
20° mit den Parametern aus Bild 55.

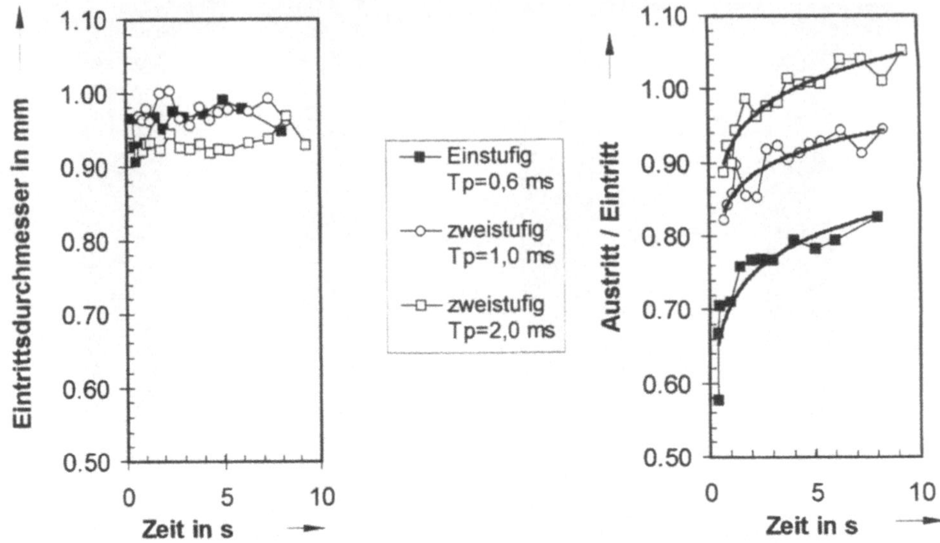

Bild 56 Konstanter Eintrittsdurchmesser bei Variation der Pulsdauer in einem Toleranzfeld von 5%.

Bild 57 Kalibrierung der Zylindrizität auf Aus- / Eintrittsdurchmesser = 1 durch Anpassung der Pulsdauer (Pulsenergie) nach dem Durchbohren.

Bild 58 Variation des Einfallswinkels beim Laserbohren von 90° zu 20° an dem Stahl Ck45, 5 mm dick.

5.5   Hauptzeitparalleles Beschriften

Für einen gezielten Einsatz eines haupzeitparallelen Beschriftens steht nicht die Verfahrensentwicklung (Untersuchung der Laserparameter zur Erzielung kennzeichnungswirksamer physikalischer oder chemischer Effekte) im Vordergrund, sondern eine systemtechnische Ausnutzung und Anpassung der vorhandenen Bewegungsachsen und Geschwindigkeiten an die durch die Laserstrahlquelle gegeben Möglichkeiten.

Die für einen Beschriftungsprozeß üblicherweise eingesetzten Q-switch Nd:YAG-Laser mit einer mittleren Leistung um 50 W bieten auch bei einer Strahlführung über Glasfaser die folgenden Einstellwerte:

- Fokusdurchmesser 0.1 -0.3 mm,
- Pulsfrequenz zur Beschriftung je nach Fokusdurchmesser 5 kHz - 20 kHz,
- Überlappung pro Puls je nach Beschriftungsqualität 50 % - 90 %,
- Pulsdauer 200 ns.

Aus diesen Parametern errechnen sich die für eine effiziente Nutzung des Lasers notwendigen

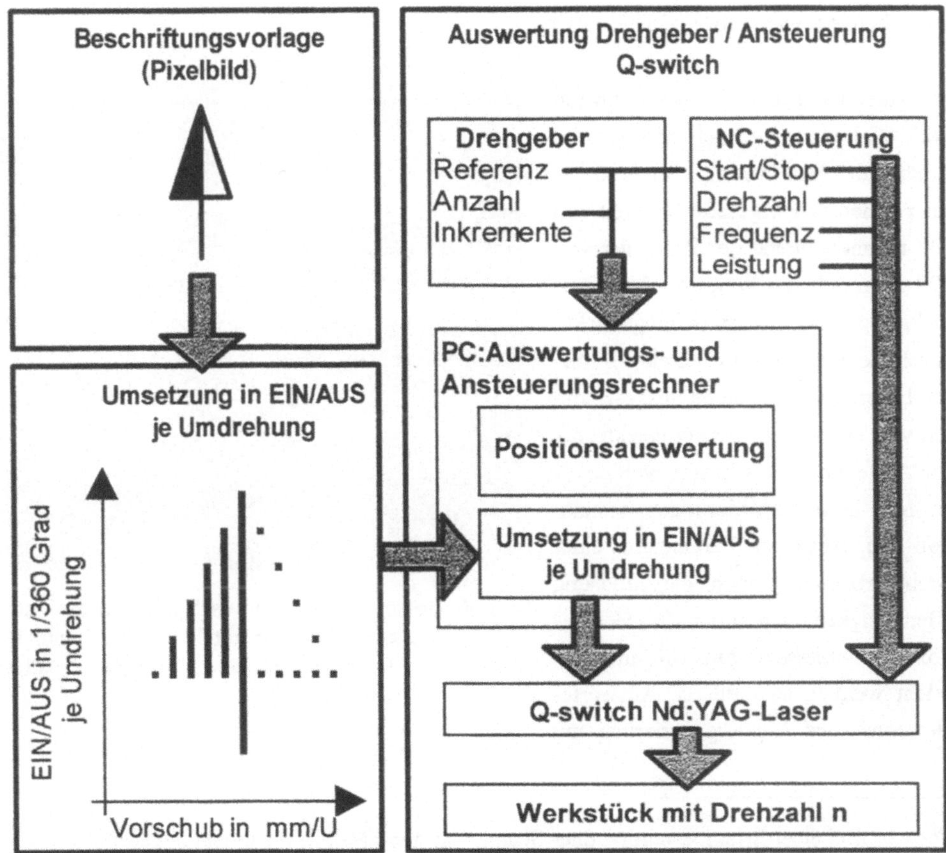

Bild 59 Flußdiagramm zur steuerungstechnischen Signalgenerierung beim hauptzeitparallelen Laserbeschriften.

Geschwindigkeiten von 0.05 m/s bis 3 m/s (3 m/min - 180 m/min). Der untere Geschwindigkeitsbereich wird von den Vorschubachsen abgedeckt, die hohen Geschwindigkeiten sind jedoch nur bei hohen, exakt der Drehbearbeitung entsprechenden Spindeldrehzahlen erreichbar. Dazu muß der bis 50 kHz ansteuerbare Laser entsprechend der Beschriftung bei jeder Umdrehung mehrmals ein- und ausgeschaltet werden und ein Vorschub pro Umdrehung von 0.05 mm/U bis 0.3 mm/U in Anpassung an den Fokusdurchmesser eingestellt werden. Dieses Prinzip einer schnellen Lageauswertung über den Drehgeber der Spindel und kombinierter Ansteuerung des Lasers ist im Flußdiagramm in Bild 59 skizziert.

Bild 60 zeigt einen auf diese Art und Weise beschrifteten Bolzen. Die Beschriftungsqualität macht deutlich, daß sowohl alphanumerische als auch Barcode-Kennzeichnungen appliziert werden können. Eine Beeinträchtigung des Prozesses in einer Kühlschmiermittelumgebung ist praktisch nicht gegeben, wenn mit einem scharfen Druckluftgasstrahl aus der Bearbeitungsoptik [6] die zu bearbeitende Stelle sauber gehalten wird.

Die kurzen Pulsdauern eines Q-switch Nd:YAG-Lasers gewährleisten eine hohe Schärfe der Beschriftung. So wird bei einer hohen Schnittgeschwindigkeit von 600 m/min während der Pulsdauer von 200 ns gerade ein Weg von 2 µm zurückgelegt. Ein "Verwischungseffekt" durch die endliche Einwirkzeit der kurzen Laserpulse kann damit ausgeschlossen werden. An die Auswerteelektronik zur Ansteuerung des Lasers werden allerdings hohe Anforderungen gestellt. Soll bei typischen Parametern einer Drehbearbeitung [7] noch eine Auflösung (Genauigkeit) von 50 µm (50 % eines Fokusdurchmessers von 100 µm) erreicht werden, so muß die Auswerteelektronik und Mustergenerierung mit

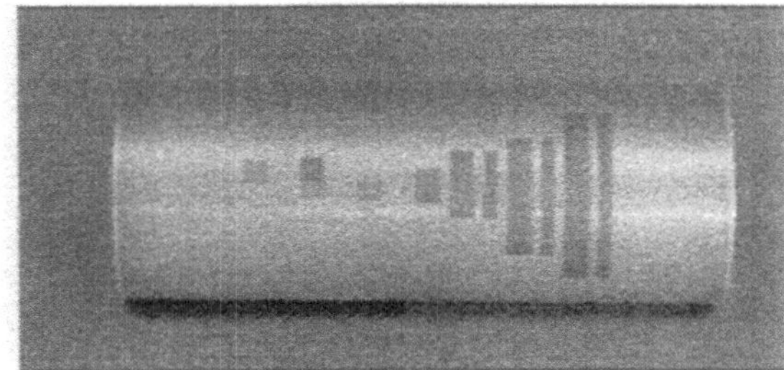

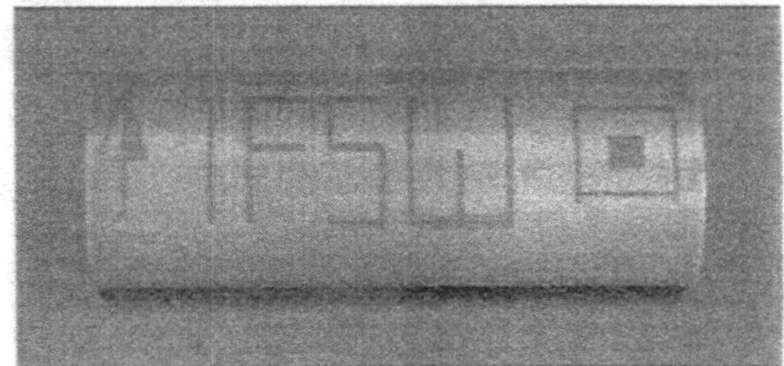

Bild 60 Bolzen D=20 mm aus Si_3N_4 (Vorder- und Rückseite), beschriftet bei 2000 U/min, 10 kHz Q-switch Frequenz, Vorschub Z-Achse F=0.1 mm/U.

---

[6]   Bei einer Strahlbewegung über Scanner ist diese Möglichkeit nicht gegeben!

[7]   Wellendurchmesser 20 mm, Schnittgeschwindigkeit 200 m/min, Drehzahl 3185 U/min, Winkelgeschwindigkeit 0.019110 °/µs

ca. 66 kHz arbeiten. Dieser Wert ist mit Standardkomponenten [105] gerade noch erreichbar.

Der Vorteil einer integrierten Laserbeschriftung liegt zum einen in einer Reduktion der Durchlaufzeit und der direkten, eindeutigen Kennzeichnungsmöglichkeit des gerade bearbeiteten Teils. Der hauptsächliche monetär direkt bewertbare Vorteil entsteht durch den Wegfall der Investitionskosten für Teilkomponenten einer Laserbeschriftungsstation:

- Scanner-Antriebe und Steuerung,
- Kommunikationsanbindung zum Produktionssteuerungsrechner,
- Grundgestell, Bedienungs- und Dateneingabeeinrichtungen eines Laserbeschrifters,
- Raumkosten und Anbindung an Materialflußsysteme.

Da die Bewegungsachsen und die Steuerung des Drehzentrums genutzt werden, entsteht lediglich ein Mehraufwand für die Laserstrahlquelle mit Faserführung und einem zusätzlichen Beschriftungsrechner unter Nutzung der vorhandenen Positionsauswerteelektronik der C-Achse.

Es ist unverständlich, daß diese einfachste, mit den niedrigsten Investionskosten und direkter Amortisation gekoppelte Möglichkeit eines laserintegrierten Prozesses bislang nicht genutzt wird, selbst wenn zwei Einschränkungen angeführt werden müssen:

- zu schleifende Flächen können erst nach der Endbearbeitung beschriftet werden,
- eine nachfolgende Wärmebehandlung der Beschriftungsstelle setzt die Beschriftungsqualität herab.

5.6   Schweißen

Zum Schweißen können sowohl gepulste als auch cw-Laser verwendet werden. Gepulste Laser bieten den Vorteil niedrigerer Investitionskosten, können jedoch nur bei niedrigen Schweißtiefen und Vorschubgeschwindigkeiten (lange Taktzeiten) eingesetzt werden. Durch die niedrige Vorschubgeschwindigkeit muß auch die Wärmebelastung des Bauteils durch höhere Wärmeleitungsverluste berücksichtigt werden.

An dem Stahl 16MnCr5 wurden die Grenzen des gepulsten Schweißens im Vergleich zum cw-Schweißen erarbeitet. Diese Untersuchungen sind auch unter dem Aspekt einer möglichst vielseitigen Nutzbarkeit eines vorhandenen Lasertyps für verschiedene Laserprozesse zu betrachten.

Beim gepulsten Schweißen können prinzipiell Schweißtiefen weit über 5 mm erreicht werden, wenn ausreichend hohe Pulsspitzenleistungen zur Verfügung stehen (Faustformel: 1 kW Pulsspitzenleistung je mm Schweißtiefe). Dabei entsteht ab einer Grenztiefe - sie wird im folgenden charakterisiert - eine heftige Spritzerbildung, die sowohl die Fokussieroptik verschmutzt als auch einen Nahteinfall bzw. Materialverlust des Nahtmaterials verursacht.

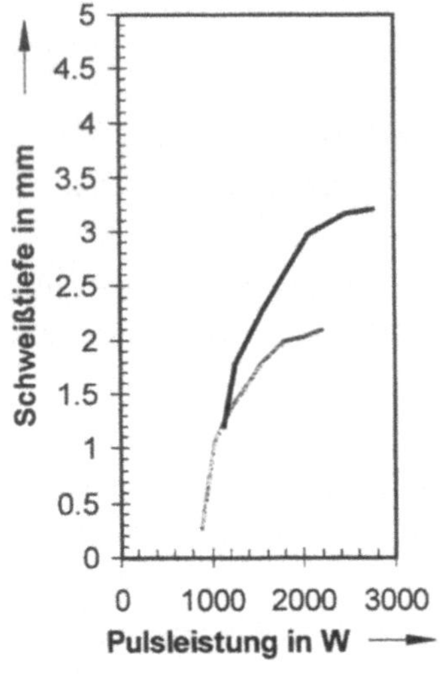

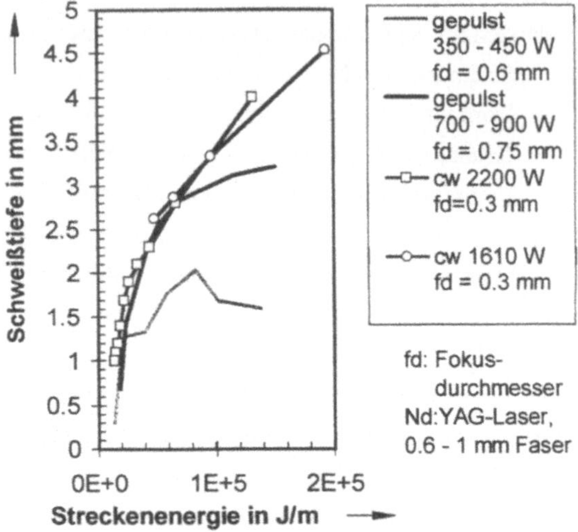

<table>
<tr><td>

Bild 61 Spritzerfreie Schweißtiefen beim gepulsten Schweißen in Abhängigkeit von der Pulsspitzenleistung bei unterschiedlichen mittleren Leistungen.

</td><td>

Bild 62 spritzerfreie gepulste Schweißtiefen im Vergleich mit cw-Schweißungen in Abhängigkeit der Streckenergie (Probenmaterial: 16MnCr5, 5 mm dick).

</td></tr>
</table>

Diese Grenztiefe ist in den Bildern 61 und 62 für zwei gepulste Laser mit mittleren Leistungen von 450 W (s. Bild 61) und 900 W [8] gezeigt. Die erreichbare Pulsspitzenleistung beträgt bei beiden Lasern ca. 10 kW; die doppelte mittlere Leistung des 900 W Geräts wird durch die doppelte Pulsfolgefrequenz erreicht. Die Kurven stellen die Einhüllenden aller Versuche dar, bei denen der Nahteinfall als charakteristische Größe der Nahtqualität kleiner 0.2 mm ist. Die zulässige, spritzerfreie Schweißtiefe hängt von der mittleren Leistung, der Pulsspitzenleistung (Pulsspitzenintensität) und Streckenergie ab. Die Pulsspitzenleistung darf nicht mehr als das 3 - 4 fache der mittleren Leistung betragen. Durch hohe, denen der cw-Schweißungen vergleichbare Streckenergien muß eine ausreichend breite Schweißnaht erzeugt werden [106]. Diese notwendige Nahtbreite korreliert mit dem Fokusdurchmesser, wie vergleichende Versuche mit dem gepulsten 450 W Laser bei Fokusdurchmessern von 0.25 mm (Freistrahlfokussierung) gezeigt haben [107]. Dann können bei gleicher Schweißnahtbreite (die Breite wird durch Wärmeleitung

---

[8]   Der gepulste 900 W Laser wurde von der Firma INPRO GmbH in Berlin zur Verfügung gestellt mit tatkräftiger Unterstützung der Herren R. Wahl und D. Päthe

bei Geschwindigkeiten unter 1 m/min vorgegeben) tiefere, spritzerfreie Schweißnähte erzeugt werden als mit den größeren Fokusdurchmessern.

Der Einsatzbereich der gepulsten Laser kann aus dem Vergleich mit den notwendigen Streckenenergien beim Schweißen mit cw-Lasern abgeleitet werden, um eine überproportionale Wärmebelastung der Bauteile zu vermeiden. Diese Grenze wird mit dem gepulsten 450 W Laser bei 1.5mm Schweißtiefe und mit dem 900 W Laser bei 2.5 mm Schweißtiefe erreicht.

Als Ergebnis der Versuche bleibt festzuhalten, daß es sinnvoll ist, mit gepulsten Lasern bis 500 W bis Schweißtiefen von 1.5 mm zu arbeiten, da mit vergleichbaren cw-Lasern (gleiche mittlere Leistung) die Schwelle zum Tiefschweißen nicht erreicht wird. Die Verwendung eines gepulsten 900 W Lasers über eine 1 mm Faser entspricht jedoch nicht mehr dem Stand der Technik, da mit den heute verfügbaren cw-Lasern gleicher mittlerer Leistung (und damit vergleichbaren Investitionskosten) Fokusdurchmesser von 0.15 mm erreicht werden [108], mit denen wesentlich besser und flexibler geschweißt werden kann und keine Beeinträchtigung der Schweißqualität durch die Problematik des gepulsten Schweißens zu erwarten ist.

An zwei Beispielteilen wird demonstriert, daß ein Fügen und Schweißen in einem Drehzentrum in Verbindung mit einer Drehbearbeitung sinnvoll ist. Es handelt sich um Hydraulikkomponenten, die Dichtigkeitsanforderungen bei hohen Drücken genügen müssen. Bei beiden Teilen wird durch das Laserstrahlschweißen ein Vakuum-Hartlöten ersetzt. Dabei können für das fehlerfreie Hartlöten notwendige Durchmessertoleranzen und Oberflächenqualitäten der Klasse IT 7 durch solche der Klassen IT 9 -11 für das Schweißen ersetzt werden. Die Teile müssen zwar auch zum Schweißen gereinigt werden, jedoch nicht so aufwendig und oft auch umweltkritisch wie die Oberflächenaktivierung für das Hartlöten. Wenn die zu fügenden Teile bzw. Fügegeometrien nach der Aufspannung überdreht werden, können Probleme durch Spannfehler vollständig unterbunden werden.

Bild 63 zeigt einen zweiteiligen Ventilschieber aus 16MnCr5, der mit dem gepulsten 450 W Laser geschweißt wurde. Die Schweißnaht durch 1.5 mm Wandstärke wird problemlos erreicht, während die 2.5 mm Schweißung eine zu hohe Wärmeeinbringung für das Teil darstellt [85, 85].

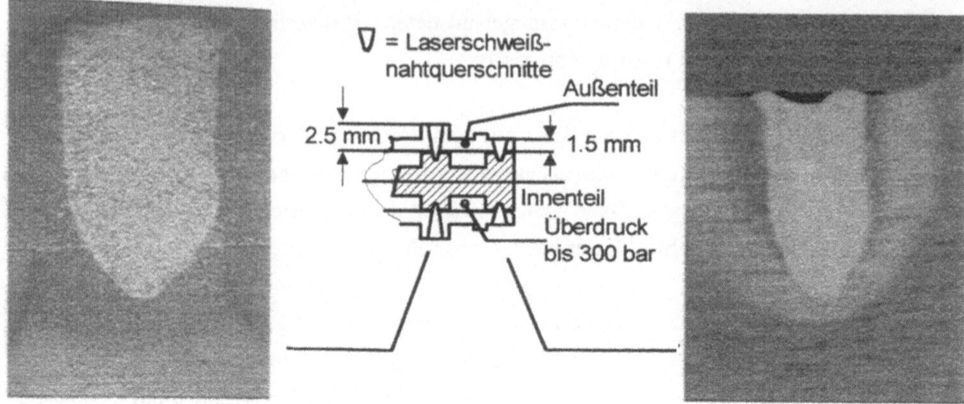

Bild 63 Gepulstes Schweißen eines Ventilschiebers aus 16MnCr5.

Bild 64 zeigt eine Ventilhülse, bei der der Ventilkopf zum Ausgleich des Spannfehlers vor dem Fügen der Hülse im Vertikaldrehzentrum (der Flansch wird vorher aufgepreßt) überdreht wird. Die Überlappnaht wird mit einer 1:1 Abbildung zur Erzielung einer ausreichend breiten Fügestelle bei 1000 W cw Laserleistung durchgeführt, während der stirnseitige Stumpfstoß mit einer 1.5:1 Abbildung geschweißt wird [109].

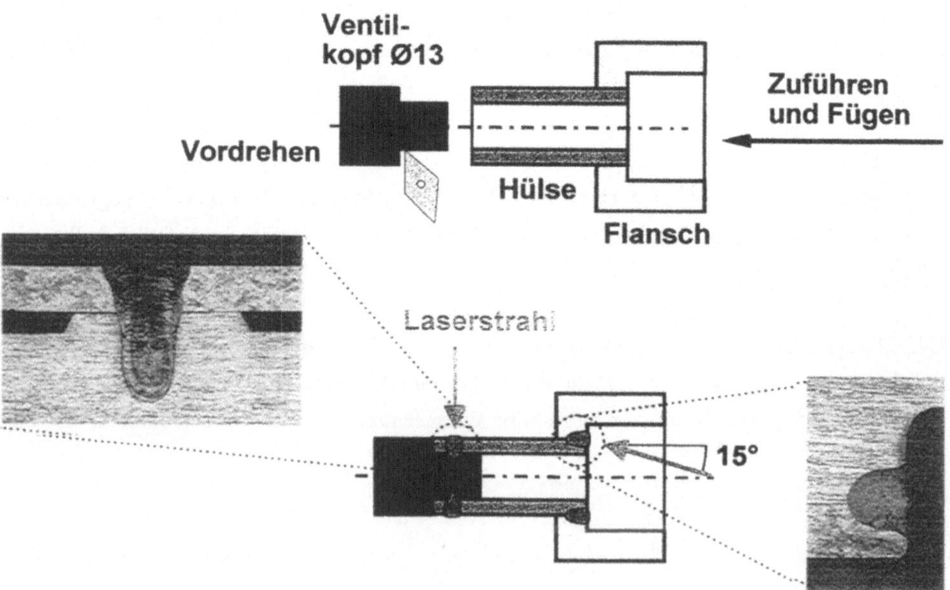

Bild 64 Drehen und Schweißen eines Ventilkörpers mit 1000 W cw Nd:YAG-Laser in einem Drehzentrum.

5.7   Rotationssymmetrisches Härten

Das konventionelle Laserhärten mit Vorschubbewegung führt bei den rotationssymmetrischen Funktionsflächen in Drehzentren zwangsläufig zu Überlappungen der Härtespuren und daraus resultierenden Härteeinbrüchen. Solche unterbrochenen Härtezonen erfüllen entweder nicht die Anforderungen zur Funktionserfüllung und stellen einen gravierenden Nachteil im Vergleich mit einer induktiven Härtung dar oder verhindern gerade im Sinne einer laserintegrierten Bearbeitung eine nachfolgende Hartbearbeitung durch Hartdrehen.

Es war deshalb das Ziel der durchgeführten Versuche, die Grenzen des rotationssymmetrischen Härtens bei hohen Drehzahlen mit den verfügbaren Nd:YAG-Lasern im Drehzentrum aufzuzeigen. Diese Vorgehensweise erlaubt - nach Bild 65 - mit einer punktförmigen Wärmeeinbringung eine ringförmige Aufheizung und Härtung des Werkstücks. Durch die hohen Drehfrequenzen kann sich die unter dem Laserstrahl erwärmte Oberfläche während einer Umdrehung

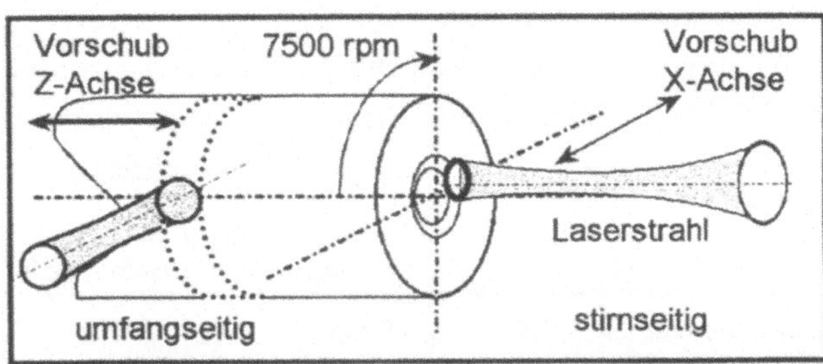

räumliche Möglichkeiten der Wärmeinbringung und Härtezone

Bild 65 Stirnseitiges und umfangsseitiges Härten bei hohen Drehzahlen zur Erzielung rotationssymmetrischer Härtungen.

kaum abkühlen, und die hohen Oberflächengeschwindigkeiten ermöglichen die Bestrahlung mit einer höheren Intensität wie beim konventionellen Laserhärten ohne Anschmelzen, um eine ausreichende Energie zuzuführen.

Ein ähnlicher Ansatz wurde beim Härten von Kurbelwellenzapfen untersucht [61]. Bei diesen Untersuchungen sollen Durchmesser von 40 mm aus GGG60 mit einem 18 kW CO_2-Laser gehärtet werden, wobei absorptionserhöhende Coatings aufgebracht werden müssen. Über einen Integratorspiegel kann ein Strahlfleck uniformer Intensität mit 12 x 12 mm^2 eingesetzt werden. Im Vergleich von Experimenten, Temperaturmessung und FE-Simulationen wird die Machbarkeit nachgewiesen, wobei der Problemschwerpunkt bei der realisierbaren niedrigen Drehfrequenz und den daraus resultierenden großen Temperaturschwankungen von Umdrehung zu Umdrehung liegt.

Bei den kleineren Durchmessern (8 - 20 mm), die mit den während dieser Arbeit und als Stand der Technik verfügbaren 2 - 4 kW Nd:YAG-Laserleistung gehärtet werden können, sind ausreichend hohe Umfangsgeschwindigkeiten zur Verhinderung des Anschmelzens bei den durch die Breite der Härtezone gegebenen Strahldurchmessern und Intensitäten das zentrale Problem, wie der Vergleich beispielhafter Versuchsparameter in Tabelle 6 zeigt. Dazu sind in der Spalte "Drehzentrum kritisch" der Tabelle 6 die höchste Intensität und die höchste Wechselwirkungszeit des Strahlflecks - das Ausschlußkriterium "Anschmelzen" wird mit dieser Konstellation zuerst erreicht. Am günstigsten zeigt sich die Parameterkonstellation der Spalte "Drehzentrum unkritisch" mit durch die größeren Spurbreiten niedrigeren Intensitäten, mittleren Wechselwirkungszeiten und hoher Drehfrequenz. Die beim Härten der Kurbelwellen eingestellten Parameter sind durchweg ungünstiger als die Bedingungen im Drehzentrum.

	Kurbelwellen-versuche	Drehzentrum unkritisch	Drehzentrum kritisch
Durchmesser (Beispiel)	40 mm	16 mm	10 mm
maximale (empfohlene) Drehzahl	710 U/min	7500 U/min	7500 U/min
Drehfrequenz	11.83 Hz	125 Hz	125 Hz
Umfangsgeschwindigkeit	89.2 m/min	376.8 m/min	235 m/min
Wechselwirkungszeit mit Strahlfleck in s	0.0081	0.0010	0.0015
Wartezeit (1 Umdrehung)	0.085	0.008	0.008
Leistung und Strahlfleckgröße	18 kW 12x12 mm²	4 kW 8 mm Durchmesser	2 kW 4 mm Durchmesser
mittlere Intensität (Beispiel) in W/cm^2	12500.00	7957.75	15915.49

Tabelle 6   Darstellung der unterschiedlichen Parameter beim Härten großer und kleiner Durchmesser.

Als weitere Probleme sind die ausreichende Selbstabschreckung bei den kleineren Wellendurchmessern und gravierende Beeinflussungen durch geometrische Änderungen, wie es bei stirnseitigen Strukturen besonders deutlich wird, zu nennen. Bei **stirnseitigen Härtungen** wurden

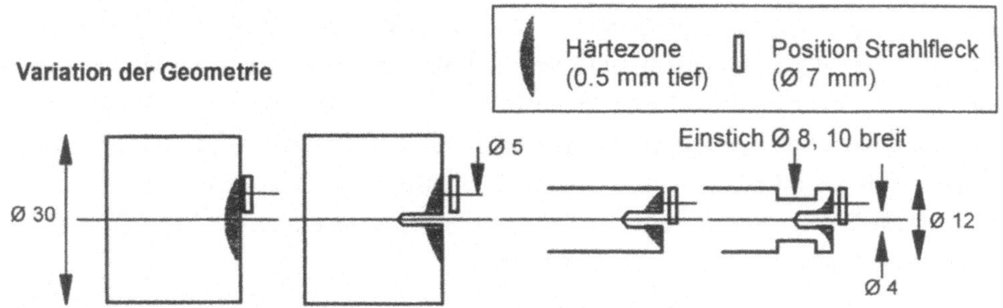

Begrenzung der Leistungsführung (ohne Anschmelzen der Oberfläche) bei einer Härtetiefe von 0.5 mm(550 HV1). Die Stufen verhindern ein Anschmelzen beim Aufheizen und Halten der Temperatur.

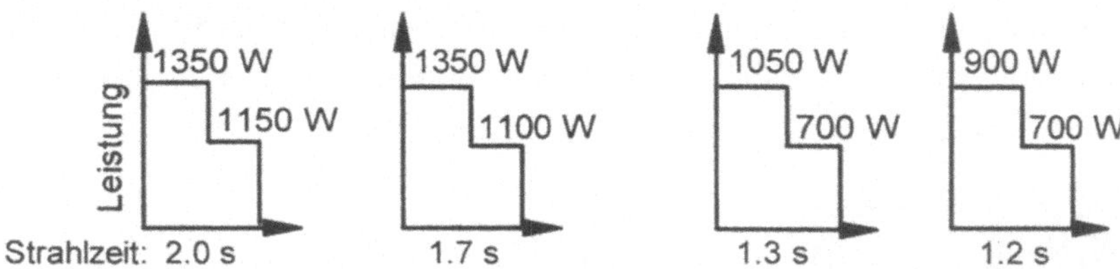

Variationsmöglichkeiten bez. Härtetiefe, Härtebreite, Leistungsführung

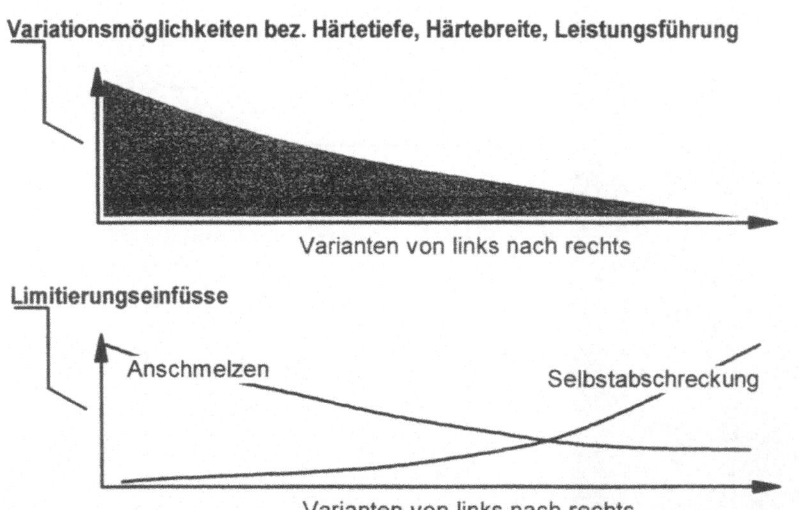

Bild 66 Ausbildung der Härtezone, Beeinflussung der Leistungsführung und Variationsmöglichkeiten bei möglichen Geometrievarianten stirnseitiger Härtezonen beim rotationssymmetrischen Härten.

deshalb mehrere Geometrievarianten untersucht, Bild 66, wobei als Zielkontur eines Produktionsteils (Ck45) die Variante oben rechts in Bild 66 erreicht werden sollte. Es wird deutlich, daß mit der abnehmenden Größe des zu härtenden Teils die Energieaufnahmefähigkeit reduziert wird, die geforderte Einhärtetiefe von 0.5 mm gerade noch erreicht wird und die ausreichende Selbstabschreckung zunehmend als limitierender Faktor dominiert. Dabei wurde zur Optimierung die Laserleistung mit einer Stufe zum Aufheizen und Halten der Temperatur angepaßt. Im Beispiel ist zwar die Härtung gerade noch möglich, jedoch muß unter Berücksichtigung der Möglichkeiten der laserintegrierten Bearbeitung zugunsten einer höheren Prozeßsicherheit die Empfehlung ausgesprochen werden, den Einstich erst nach der Härtung des Ventilsitzes an der Stirnseite anzubringen. Bild 67 zeigt als Versuchsergebnis das laserintegriert gefertigte Ventil (Drehen und Bohren der Kontur, Härten, Drehen des Einstichs).

Ein Variation der Härtebreite über eine Vorschubbewegung des Strahls ist beim stirnseitigen Härten kleiner Durchmesser kaum möglich, da die Vergrößerung des Durchmessers proportionale Leistungssteigerungen entsprechend der prozentual großen Steigerungen des Durchmessers erfordern würden (bei einer Vergrößerung des Durchmessers z. B. um 50 % von 4 auf 6 mm nimmt auch die benötigte Laserleistung um 50 % zu). Darüber hinaus limitiert die notwendige Selbstschreckung sehr schnell die Vergrößerung der Härtezone.

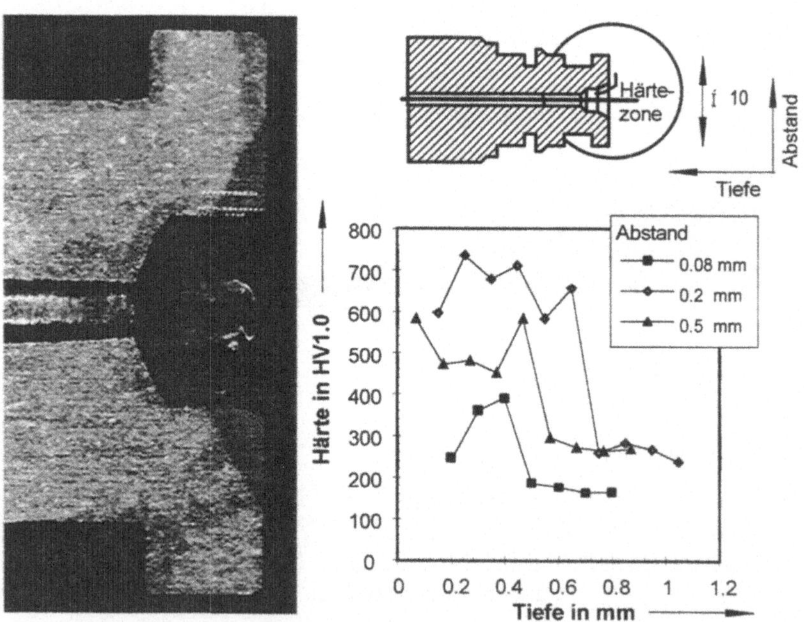

Bild 67 In einer Aufspannung in der Reihenfolge Drehen, Bohren, Härten und Einstechen gefertigtes Ventilteil aus Ck45.

Beim **umfangseitigen Härten** von Wellen
kann dagegen sowohl eine Standhärtung als
auch ein Härten mit einer Vorschubbewegung
des "Härterings" angewendet werden. Die
durchgeführten Versuche sollen die Prozeßfenster für 2 kW und 4 kW Laserleistung mit
den möglichen Wellendurchmessern von 10 -
20 mm und Härtebreiten bis zu 20 mm aufzeigen. Insbesondere bei kleineren Wellendurchmessern begrenzt die Selbstabschreckung
das mögliche Härtevolumen; deshalb wurden
die Versuche zum umfangseitigen Härten mit
dem Stahl 42CrMo4 durchgeführt, der im Vergleich zum Stahl Ck45 der stirnseitigen Versuche gutmütigere Eigenschaften hinsichtlich
Abschreckraten und Austenitisierungszeiten

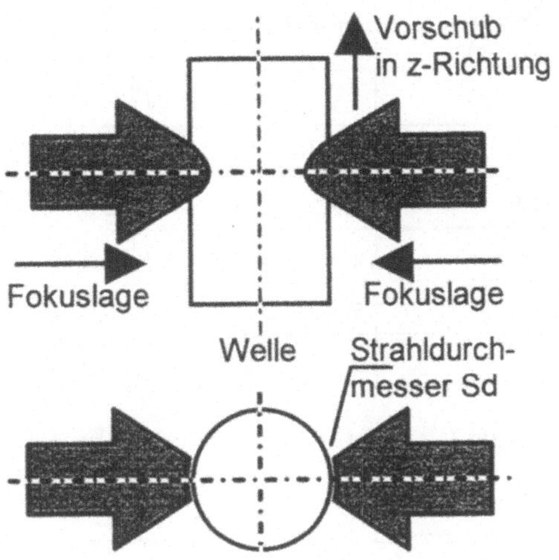

Bild 68 Skizze zur Strahlführung der Härte-
versuche mit 2x2 kW Laserleistung.

bietet. Auf eine zweistufige Leistungsführung wie bei den stirnseitigen Versuchen wurde zur
Reduzierung der zu variierenden Parameter verzichtet. Es ist jedoch notwendig, vor dem Start
der Vorschubbewegung für eine zu optimierende Zeitdauer ein Aufheizen durchzuführen, das im
folgenden als "Haltezeit" angegeben wird. Nach dieser Haltezeit ist an der Wellenoberfläche
nahezu die Schmelztemperatur erreicht, und es wird die Vorschubgeschwindigkeit so angepaßt,
daß im weiteren Verlauf der Vorschubbewegung kein Anschmelzen auftritt.

Die höhere Leistung von 4 kW wurde mit zwei 2 kW-Lasern über zwei getrennte Glasfasern
erreicht, die nach der Skizze in Bild 68 positioniert waren. Die beiden Optiken können mit den
Möglichkeiten des Drehzentrums getrennt positioniert und synchron bewegt werden. Mit der
getrennten Positionierung kann mit einem Versatz in Z-Richtung eventuell eine begrenzte
Optimierung der Wärmeinbringung durchgeführt werden. Im Rahmen des groben Versuchrasters
hierzu durchgeführte Versuche mit den defokussierten Teilstrahlen konnten allerdings keine
wesentliche Verbesserung nachweisen.

Die folgende Darstellung der Versuchsergebnisse berücksichtigt nur Ergebnisse mit Härtetiefen
600 HV größer als 0.4 mm. Tabelle 7 gibt einen Überblick über die dabei möglichen Parametervariationen und Ergebnisse unter Berücksichtigung der Anschmelzgrenze. Die Einstrahlversuche
mit 1500 - 2300 W und die Zweistrahlversuche sind wegen unterschiedlicher Chargen und
Bezugsquellen des Probenmaterials nur eingeschränkt vergleichbar. Die Bilder 69 und 70 zeigen
in Diagrammform die erzielbaren Härtebreiten und -tiefen nach Wellendurchmessern aufgeschlüsselt. Bild 71 zeigt die benötigten geometrieabhängigen spezifischen Härteenergien.

Wellendurch-messer	Leistung	Strahldurch-messer	Halte-zeiten	Härtetiefen	Härtebreiten
10	1 x 1500 - 2300 W	4.5	0.9 - 1.5 s	bis 2 mm	2 - 6 mm
10	2 x 1000 W	4.0; 6.0	1.1 - 1.7 s	bis 1 mm	2.5 - 4 mm
10	2 x 2000 W	8.0	1.1 - 1.5 s	bis 1.8 mm	6 - 6.8 mm
15	1 x 1500 - 2300 W	4.5	1.5 - 2.1	bis 0.4 mm	2 - 3 mm
16	2 x 2000 W	6.0	1.9 s	bis 1.4 mm	4 - 5 mm
20	2 x 2000 W	4.0; 6.0	1.1 - 2.3 s	bis 0.9 mm	2.7 - 4.2 mm

Tabelle 7   Versuchsparameter und Ergebnisse bei rotationssymmetrischen Standhärtungen.

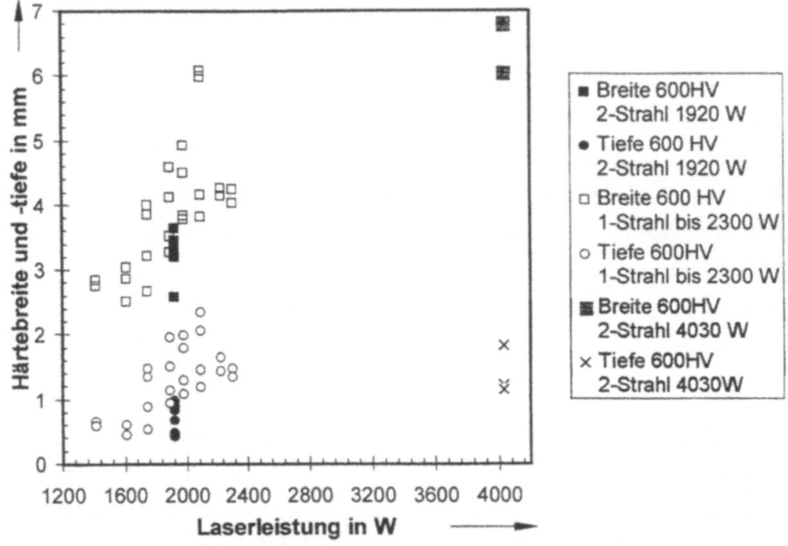

Bild 69 Härtebreite und -tiefe beim rotationssymmetrischen Standhärten von Wellen mit 10 mm Durchmesser.

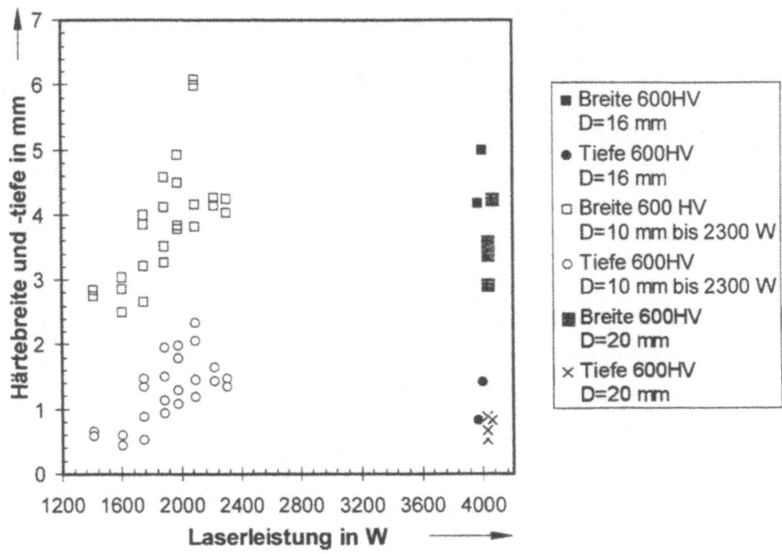

Bild 70 Härtebreite und -tiefe beim rotationssymmetrischen Standhärten von Wellen mit 16 und 20 mm Durchmesser; die Einstrahlversuche an 10 mm Wellen sind zum Vergleich mit aufgeführt.

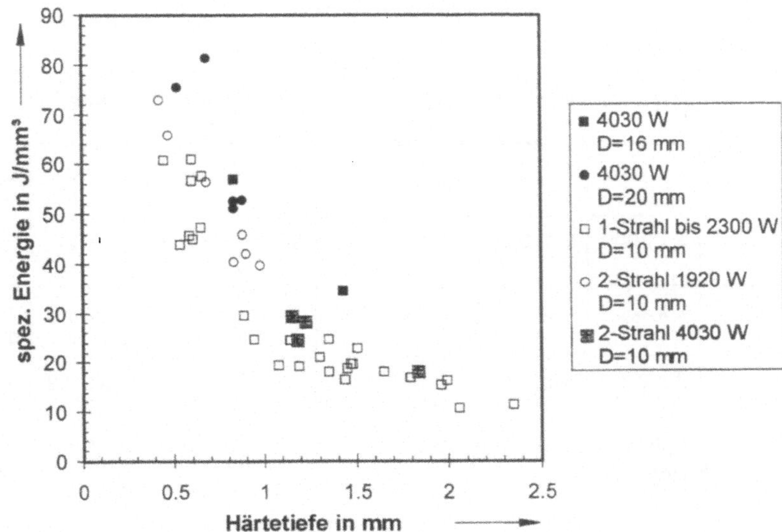

Bild 71 Spezifische Härteenergien beim rotationssymmetrischen Standhärten von Wellen mit 10, 16 und 20 mm Durchmesser.

Als Ergebnis der Versuche zum Standhärten bleibt festzuhalten:

* die spezifische Härteenenergie hängt sehr stark von der gewünschten Einhärtetiefe ab,
* mit 2 kW Laserleistung können Wellen um 10 mm Durchmesser in weiten Parameterbereichen gehärtet werden,
* mit 4 kW Laserleistung können Wellen um 16 mm Durchmesser in weiten Parameterbereichen gehärtet werden,
* ein Vorteil für die Zweistrahltechnik konnte - obwohl erwartet - nicht nachgewiesen werden,
* Wellen um 10 mm Durchmesser können mit wesentlich geringeren spezifischen Energien gehärtet werden, erfahren jedoch auch eine starke Erwärmung,
* bei Wellen kleiner als 10 mm Durchmesser wird durch die zunehmende Aufheizung die Abschreckung erschwert und
* bei Wellen ab 16 mm Durchmesser wird die Abschreckung nicht mehr beeinflußt (die spezifischen Energien der Wellen mit 16 und 20 mm Durchmesser sind gleich).

Das **rotationssymmetrische Härten mit Vorschub** baut auf den Versuchen zum Standhärten auf. Die Vorschubbewegung kann erst nach einer Haltezeit zum Aufheizen einsetzen. Tabelle 8 zeigt im Überblick die Parametervariationen und Ergebnisse. Bild 72 zeigt die erzielbaren Härtenbreiten und -tiefen nach Wellendurchmessern aufgeschlüsselt, Bild 73 zeigt die benötigten geometrieabhängigen spezifischen Härteenergien.

Wellendurch-messer [mm]	Leistung [W]	Strahldurch-messer [mm]	Vorschub [mm/min]	Weg [mm]	Halte-zeiten [s]	Härte-tiefen [mm]	Härte-breiten [mm]
10	1 x 1500 - 2300	4.5; 6.0	300 - 500	6	0.4 - 0.8	bis 2	6.2 - 8.8
10	2 x 2000	6.0; 8.0	400 - 700	5; 10	0 - 0.5	bis 2	6.4 - 12.7
16	2 x 2000	4.0; 6.0	300 - 450	10	1.0 - 1.6	bis 1.3	11.5 - 12.6
20	2 x 2000	4.0; 6.0	250 - 400	10	1.0 - 2.0	bis 0.6	11.5

Tabelle 8   Versuchsparameter und Ergebnisse beim rotationssymmetrischen Vorschubhärten.

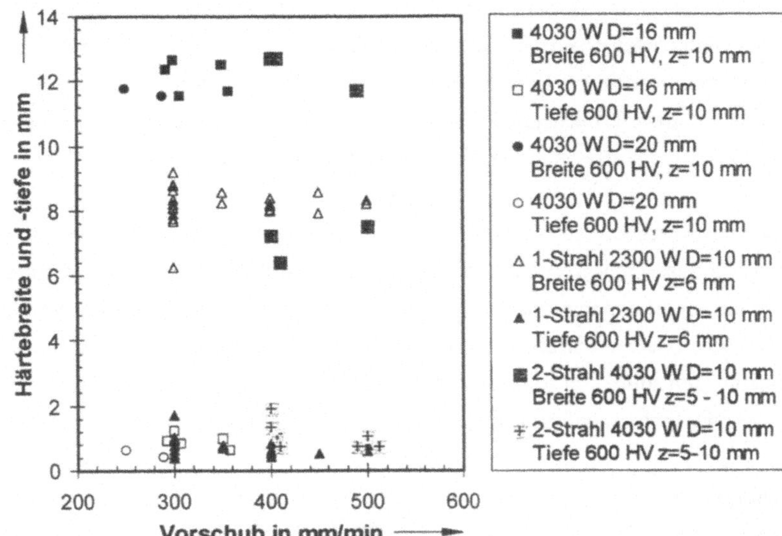

Bild 72 Härtebreiten und -tiefen beim rotationsymmetrischen Vorschubhärten mit
         5, 6 und 10 mm Vorschubbewegung.

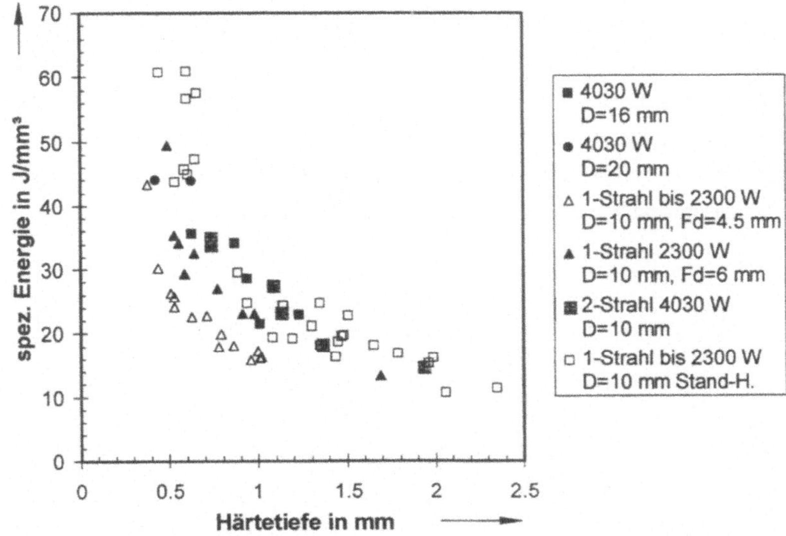

Bild 73 Spezifische Härteenergien beim rotationssymmetrischen Vorschubhärten;
         die Versuche der Standhärtungen mit 2300 W sind zum Vergleich mit
         Bild 71 aufgenommen.

Bei den Wellen mit 10 mm Durchmesser ist dabei mit 12 mm die maximale Härtebreite erreicht. Bei größeren Härtebreiten erwärmt sich dann die Wellle so stark, daß keine ausreichende Selbstabschreckung mehr stattfindet. Bei den größeren Wellendurchmessern sollten auch Härtebreiten bis zu 20 mm und mehr erreichbar sein, jedoch sind dann umfangreichere Parameteroptimierungen oder eine Temperaturregelung über den Vorschubweg notwendig.

Die spezifischen Härteenergien sind beim Vorschubhärten wesentlich geringer als bei den Standhärtungen. Auch ist ein Vorschubhärten mit kleineren Strahldurchmessern und somit höheren Intensitäten und Aufheizraten effizienter (Vergleich der 1-Strahlversuche D=10 mm, Sd=4.5 und 6 mm, Bild 73). Kleinere Strahldurchmesser (höhere Intensitäten) als die in den Versuchen verwendeten 4 mm sollten im Rahmen der diskutierten Leistungen nicht eingesetzt werden, da sonst nur geringe Einhärtetiefen als Folge frühzeitigen Anschmelzens erzielt werden können.

Mit der praktizierten Vorgehensweise werden nur im optimalen Fall über die Härtebreite konstante Härtetiefen erreicht (Bild 74 und Bild 75). Für die Wellen mit 10 und 16 mm Durchmesser wurde der entsprechende Optimierungsaufwand bei 5 und 10 mm Vorschubweg durchgeführt.

Zur Reduzierung der zu optimierenden Parameter muß für eine flexible, industrielle Anwendung eine Temperaturregelung vorgesehen werden. Bei Standhärtungen kann dann die Härtetiefe über die Haltezeit eingestellt werden, während die Laserleistung als Stellgröße nach Erreichen der Maximaltemperatur stufenlos angepaßt wird. Beim Vorschubhärten sollte dagegen zunächst die Vorschubgeschwindigkeit bis zu einer für die gewünschte Härtetiefe notwendigen Wechselwirkungszeit über die Temperaturmessung geregelt werden. Erst nach Erreichen dieser maximalen Vorschubgeschwindigkeit sollte die Laserleistung geregelt werden.

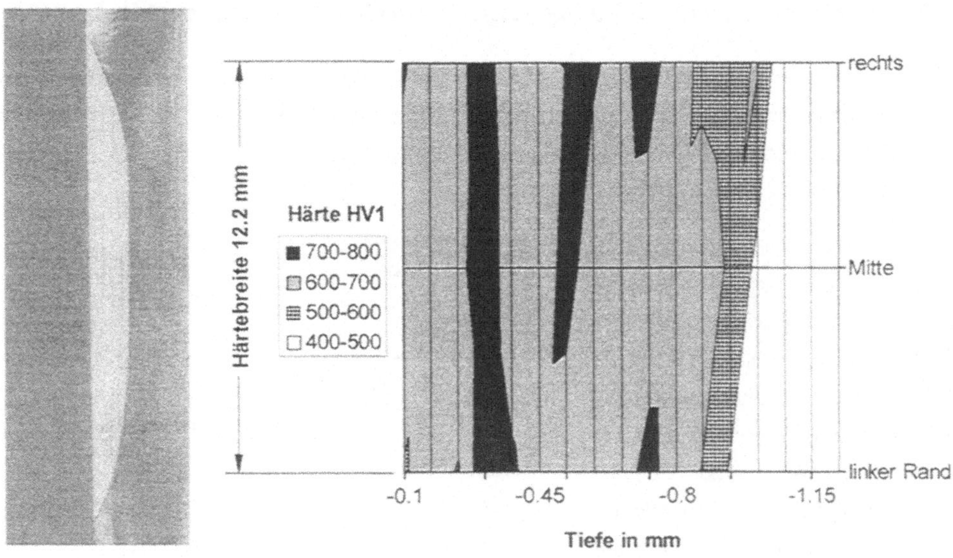

Bild 74 Konstante Härtetiefe 1.0 mm bei einer Welle Ø 16 mm, Härtebreite 12 mm, dargestellt durch Härtemessung und Querschliff.

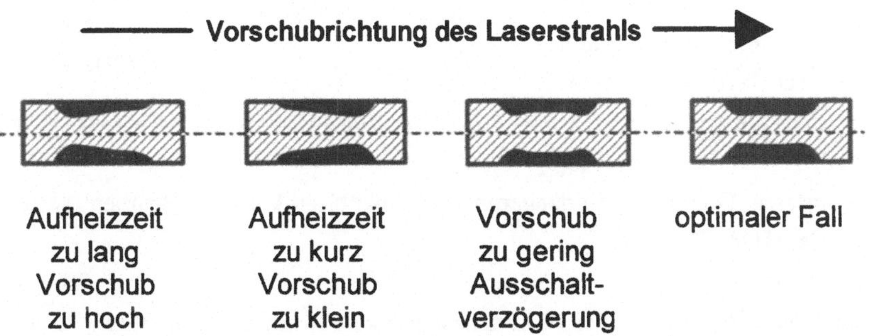

Bild 75 Schwankungsformen der Härtetiefe als Ergebnis der Aufheizzeit und des Vorschubs beim rotationssymmetrischen Vorschubhärten.

5.8   Laserintegrierte Fertigungsfolge Vordrehen, Härten, Hartdrehen

Zur Demonstration und zur Diskussion möglicher Problemfelder wurde eine beispielhafte Hartdrehbearbeitung nach dem Härten in einer Aufspannung durchgeführt, [110]. Bei der Bewertung der erzielten Ergebnisse ist zu berücksichtigen, daß das Drehzentrum GS30 mit Zangenspannung in keiner Weise für ein Hartdrehen optimiert ist.

Die Vorgehensweise ist in Bild 76 skizziert. Zum Hartdrehen wurden keramische Wendeschneidplatten der Sorte HC2 von NTK (TPGN 11 03 04 T N HC) mit einem passenden Klemmhalter (CTGP L 16 16 H 11) verwendet, wobei die Schnittgeschwindigkeit (60 - 150 m/min), die Schnittiefe (0.1 - 0.2 mm) und der Vorschub (0.02 - 0.06 mm/U) variiert wurden. Die Oberflächentemperatur nach dem Härten beträgt 250 °C, wobei die geringe Abkühlung während der Drehbearbeitung (ca. 25 °C) nicht berücksichtigt werden muß. Diese Temperaturen wurden mit einem berührenden Meßfühler mit einer notwendigen Meßzeit von ca. 10 s während der Ab-

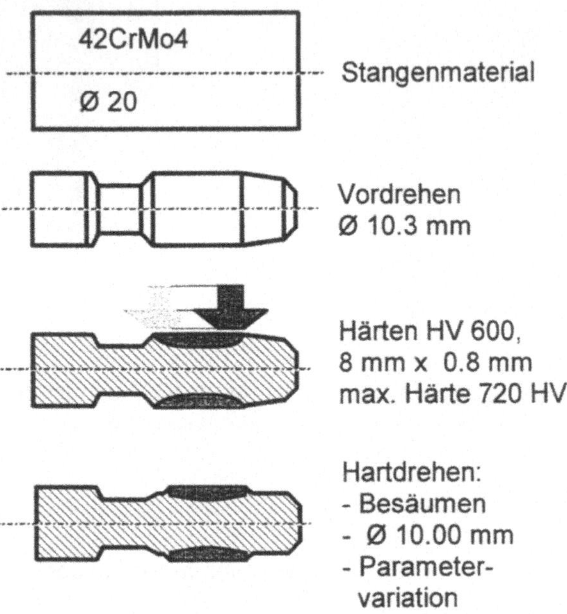

Bild 76 Versuchsdurchführung Härten und Hartdrehen.

kühlzeit gemessen. Durch eine Verlängerung der Abkühlzeit kann die Bearbeitungstemperatur variiert werden, Bild 77.

Die besten Ergebnisse werden bei 90 m/min Schnittgeschwindigkeit, 0.15 mm Schnittiefe und 0.04 mm/U Vorschub erreicht mit R_z-Werten um 2.5 µm und Rundheiten von 0.6 - 1 µm. Die Zylindrizität weicht über die Meßlänge von 7 mm um 5 µm ab. Dieser Fehler ist vermutlich auf die mangelnde Steifigkeit der Aufspannung, die Kraglänge der Probe und Führungsfehler zwischen Drehachse und Revolverführungen zurückzuführen. Versuche mit abnehmenden Oberflächentemperaturen zeigen eine Tendenz zu besseren Oberflächenqualitäten, Bild 78.

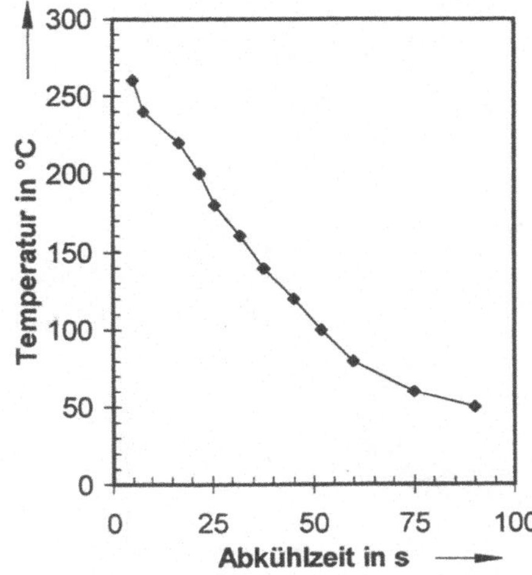

Bild 77 Oberflächentemperatur des Bei-spielteils nach dem Härten, ohne Drehbearbeitung.

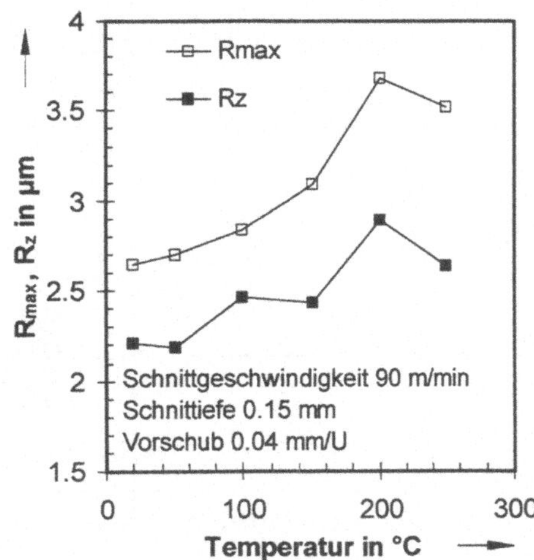

Bild 78 Rauhigkeiten bei der Hartbear-beitung lasergehärteter Proben in Abhängigkeit von der Temperatur.

5.9   Abschätzung von Temperatureinflüssen auf die Genauigkeit von Anlage und Werkstück

Mit einer Laserbearbeitung wird dem abgeschlossenen System Werkzeugmaschine eine zusätzliche Leistung zugeführt. Unter Berücksichtigung der Lasernutzzeit ist damit die Energiemenge definiert, die die beaufschlagten Werkstück- und Anlagenvolumina erwärmen kann. Es ist nach der heutigen Einschätzung davon auszugehen, daß während der Laserbearbeitung kein Kühlschmiermittel verwendet wird.

In Anlehnung an die Versuchsanlage kann von einer Motorleistung von 10 kW ausgegangen werden, die während der spanenden Bearbeitung zwischen 50 - 80 % genutzt wird. Unter Berücksichtigung der Nebenzeiten ist eine Leistungsnutzung von 75 % oder 7.5 kW ein signifikanter Wert. Weiterhin kann unter Bezug auf Kap. 7.1 von einer maximalen Lasernutzzeit von 10 % ausgegangen werden. Die derart reduzierte anteilige Laserleistung kann also allenfalls bei Hochleistungsanwendungen mit mehreren kW Laserleistung (wie dem Schweißen oder Härten) ins Gewicht fallen. Bei den genannten Anwendungsfällen muß vor allem **der Weg der Wärmeströme** im Vergleich zu jenen bei der Drehbearbeitung berücksichtigt werden (vergl. Bild 79 und 80). Eine integrale zusätzliche Wärmebelastung des Gesamtsystems mit entsprechenden Temperaturdehnungen ist unter den skizzierten Randbedingungen auszuschließen.

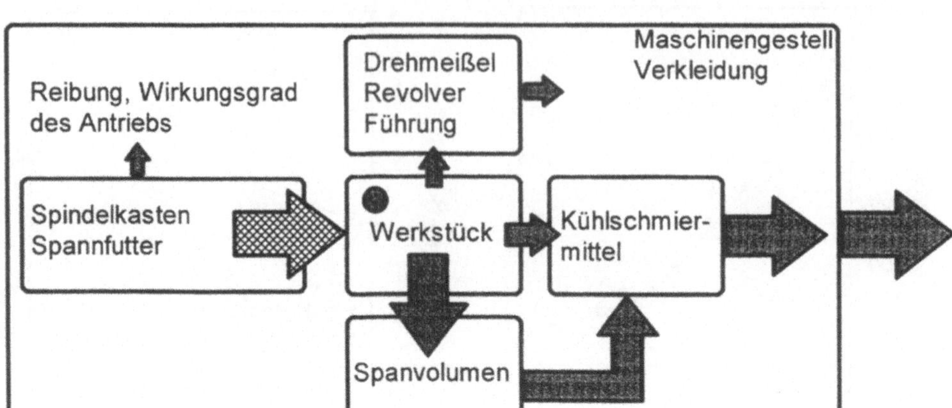

Bild 79 Qualitative Darstellung der Aufteilung der Antriebsleistung in Wärmeströme bei der spanenden Bearbeitung.

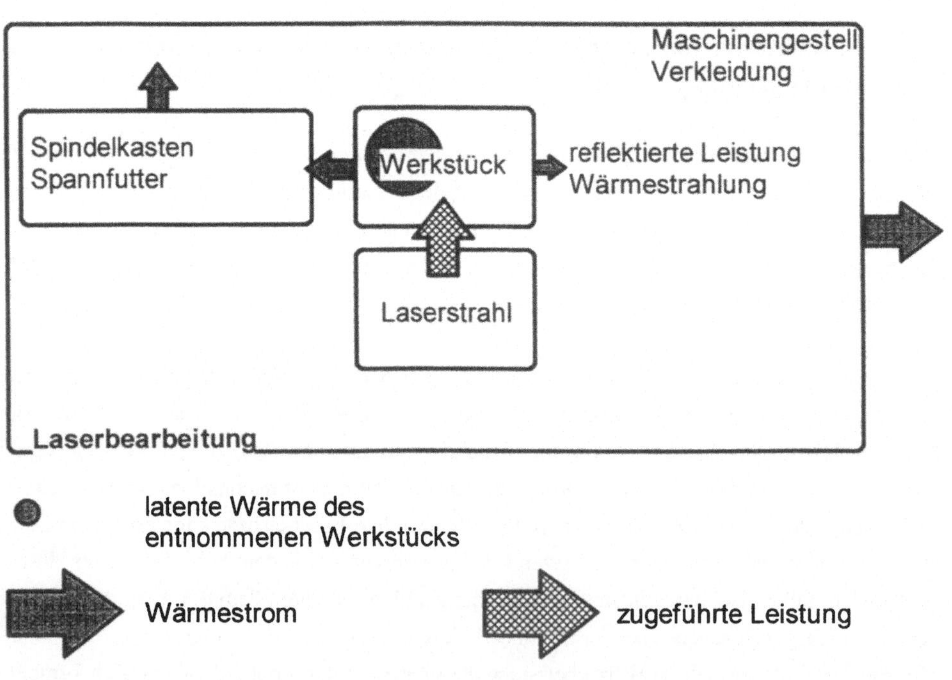

Bild 80 Qualitative Darstellung der Aufteilung der Laserleistung in Wärmeströme bei der Laserbearbeitung.

Bei der Drehbearbeitung wird der größte Teil der Energie über das Spanvolumen und das Kühlschmiermittel abgeführt, und es findet eine nur geringe Erwärmung des Werkstücks statt. Über den Kühlschmiermittelkreislauf wird die Wärme weitgehend verteilt, so daß ein stationäres Temperaturprofil der Anlage zur Umgebung entsteht.

Bei der Laserbearbeitung (es sei als Beispiel einer Maximalbelastung eine Härtung mit 2 kW Leistung, 60 % Absorption, Dauer 5 s, Werkstück Ø10 x 20 mm angenommen) wird der größte Teil der zugeführten Wärme (in weitaus größerem Maße wie selbst bei einer trockenen Drehbearbeitung) im Werkstück verbleiben. Bei einer Stangenbearbeitung wird das Stangenrestmaterial, das Spannfutter und die Spindel erwärmt. Die reflektierte Laserleistung kann im Vergleich zu den sonst umgesetzten Antriebsleistungen vernachlässigt werden. Zur Diskussion stehen somit eine:

- Erwärmung der Spindel und des Spannfutters
- und Erwärmung des Werkstücks.

Einer Erwärmung der Spindel muß je nach Bautyp, Werkstück und Laserbearbeitungsdauer zur Vermeidung von Wärmedehnungen, Spannungen und Schmierproblemen entgegengewirkt werden. Bei einer Ölschmierung kann der Öl-Durchsatz erhöht werden. Es ist auch die Zuführung von Kühlluft denkbar (was naheliegend sein kann,da bei Laserbearbeitung eine Absauganlage installiert sein muß) oder eine Kühlung des zugeführten Stangenmaterials auf der Spindelrückseite mit vorhandenem Kühlschmiermittel.

Die Erwärmung des Werkstücks wird nicht verhindert werden können. Die möglichen näherungsweise berechneten Wärmedehnungen ohne Berücksichtigung der Wärmeleitung nach homogener Temperaturverteilung für beispielhafte Probekörper (Stahl) sind in Bild 81 für das Härten (12 mm breit, 0.6 mm tief, 2kW) und in Bild 82 für das Schweißen (Schweißnaht am Umfang, 2 kW, 1 mm tief, 3 m/min) verdeutlicht. Für die Berechnung liegt das einfache Modell nach Formel (22) zugrunde.

Die beim Härten auftretenden Durchmesser- und Längenänderungen müssen in jedem Fall im Teileprogramm berücksicht werden, oder es kann erst nach ausreichender Abkühlung weitergearbeitet werden. Beim Schweißen sind weniger die zu erwartentenden Wärmedehnungen wie die auftretenden Verzüge problematisch, die ein Nachdrehen erforderlich machen können.

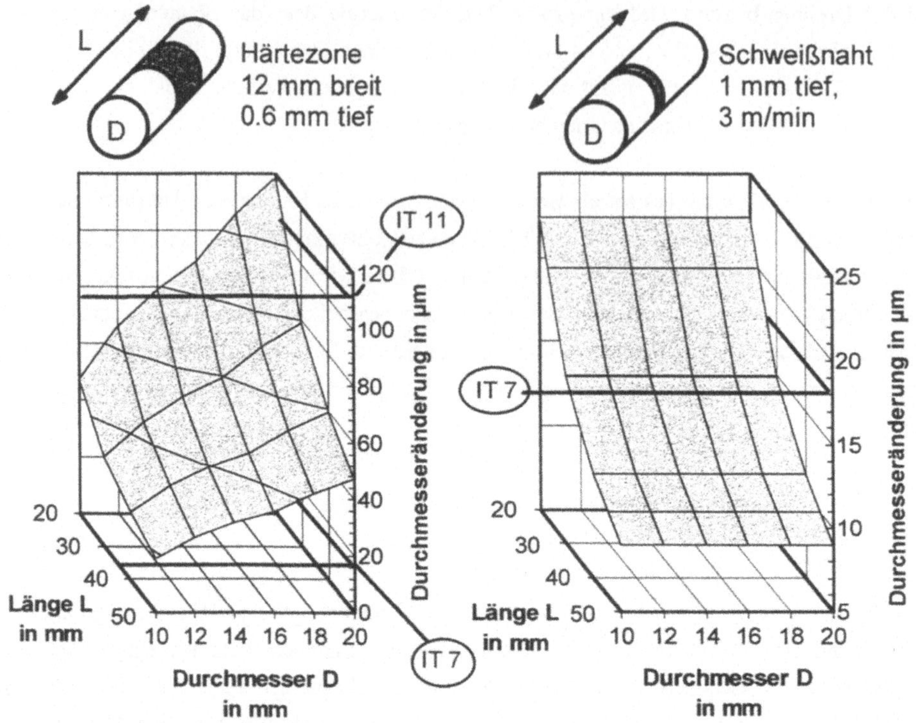

Bild 81 Durch Wärmedehnung bedingte Durchmesservergrößerung beim Härten des skizzierten Probekörpers (ISO-Toleranzklasse 7 und 11 zum Vergleich).

Bild 82 Durch Wärmedehnung bedingte Durchmesservergrößerung beim Schweißen des skizzierten Probekörpers (ISO-Toleranzklasse 7 zum Vergleich).

$$\textit{Temperaturerhöhung:} \qquad \Delta T = \frac{P_L \cdot A}{V \cdot \rho \cdot C_P} \cdot t \quad \textit{und}$$

$$\textit{Durchmesservergrößerung:} \qquad \Delta D = l \cdot \Delta T \cdot D$$

mit:

$$\rho = 0.0078 \frac{g}{mm^3}; \quad C_P = 0.45 \frac{J}{g \cdot K}; \quad V = \pi \cdot L \cdot \frac{D^2}{4}; \quad l = 11 \frac{\mu m}{m \cdot K} \tag{22}$$

Beispiel-Parameter:
Absorption $A = 0.6$ *(Härten)*; $A = 0.9$ *(Schweißen)*
Härten: Leistung P_L $(2-4\ kW)$ *und Prozeßzeit* t *aus* exp. *Werten* *(Kap.* 5.7*)*;

Schweißen: $P_L = 2\ kW$; $t = \dfrac{\pi \cdot D}{3\ m/\text{min}}$;

bei dieser Vereinfachung ist ΔD *beim Schweißen unabhängig vom Durchmesser* D

6 Unterstützung der Anwender durch Prozeßmodelle, Simulationen und Datenbanken

Als "Anwender" eines Laserprozesses sind nicht nur die Maschinenbediener und die Arbeitsvorbereitung zu verstehen, sondern im Laufe der Produkt- und Fertigungsentwicklung ebenso die Konstrukteure und Fertigungsplaner. Diese Anwender haben jedoch unterschiedliche Fragestellungen oder Anforderungen an die Präzision der Antwort. So werden auf der einen Seite konkrete Einstellparameter zur Erzielung der Vorgabewerte und zur qualitativen Optimierung erwartet, auf der anderen Seite stehen Machbarkeitsfragen, Investitionsüberlegungen und Möglichkeiten zur Verlagerung von Fertigungskapazitäten im Vordergrund.

Während bei der Anwendung der Laserverfahren in der eigentlichen Prozeßrationalisierung ein sehr hoher Automatisierungsgrad erreicht ist, findet eine rechnergestützte, durchgängige Automatisierung und Entscheidungshilfe für Arbeitsvorbereitung, Fertigungsplanung und Konstruktion nur für das Laserschneiden statt. Die auch für die anderen Verfahren vorhandenen Möglichkeiten-

- Datenbanken,
- Expertensysteme,
- Skalierung und Extrapolation neuer Verfahrensparameter aus vorhandenen Daten,
- mathematisch-physikalische Modelle,
- Simulationen und
- NC-Bahngenerierung

- werden jedoch noch kaum genutzt. Durch die unterschiedlichen Zielsetzungen der Ansätze und die prozeßspezifischen Problemstellungen ergibt sich für die beteiligten Experten (Wissenschaftler, Konstrukteure, Fertigungsplaner, Arbeitsvorbereitung) ein gänzlich verschiedenes Interessen- und Nutzenprofil.

Die verschiedenen Laserverfahren unterscheiden sich sowohl durch die Komplexität und Anzahl der ablaufenden physikalischen und chemischen Prozesse, durch die Dimensionalität und Genauigkeitsanfordungen der Bahngenerierung (Bild 83) als auch durch den Einfluß von Gestaltänderungen des Werkstücks.

Die zunehmende Komplexität der Prozesse nach Bild 83 erlaubt nur für das Härten eine Simulation mit quantitativen Ergebnissen. Die Modelle und Simulationen der anderen Prozesse dienen der qualitativen Diskussion unter Entwicklern und Wissenschaftlern. Für den praktischen Einsatz - Machbarkeitsfragen und Abfrage von Einstellparametern - müssen Datenbanken möglichst verknüpft mit einer Skalierung und Extrapolation neuer Verfahrensparameter aus vorhandenen Daten eingesetzt werden. Solche Datenbanken repräsentieren das Know-How der Laserhersteller und Anwender und stehen meist nur firmenintern zur Verfügung.

Aus der Dimensionalität der Verfahren entsteht ein anderes Bild bezüglich des Automatisierungsbedarfs bei der Bahngenerierung (Bild 83). Bei volumenorientierten Verfahren wird eine rechnergestütze Bahngenerierung [111] schon im Labor benötigt, ist aber nur in Ansätzen verfügbar. Für das zwei- und dreidimensionale Schneiden als linienorientiertes Verfahren ist sie dagegen notwendiger Stand der Technik. Bei den anderen Verfahren hängt der Automatisierungsbedarf stark von der Anwendung und Anzahl der Einzelbearbeitungen ab. Es können jedoch Softwarepakete für Fräsanwendungen zumindest zur Generierung der Verfahrwege angepaßt werden [112], [113].

Durch einfache Änderungen der Gestalt (z. B. von dick- zu dünnwandigen Bauteilen) werden wie bei keinem der anderen Verfahren gerade beim Härten die Prozeßparameter, -ergebnisse und die Machbarkeit gravierend beeinflußt, während die Simulation quantitativ zuverlässige Aussagen erlaubt. Hier zeichnet sich eine weitgehende Unterstützung durch rechnerbasierte Verfahren ab, die von den Experten von der Konstruktion bis zur Arbeitsvorbereitung gleichermaßen und damit auch effizient genutzt werden können.

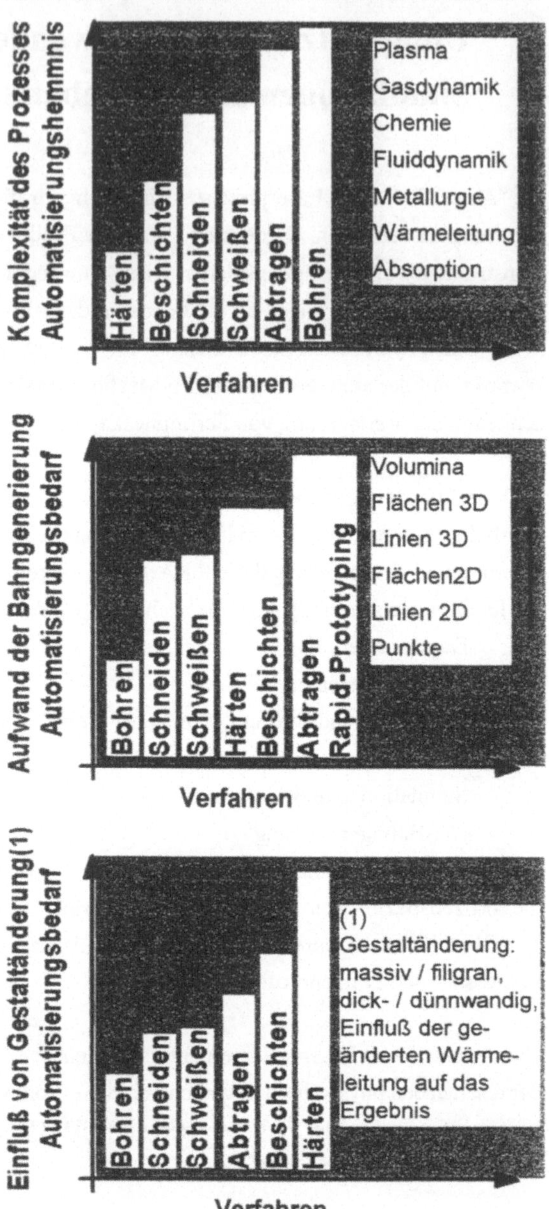

Bild 83   Einteilung der Laserverfahren nach Automatisierungsbedarf und -hemmnissen

Bei der Prozeßoptimierung des Härtens in einem Ablauf von Versuch, metallographischer Analyse und Konstruktionsänderung entsteht ein großer Zeitaufwand. Eine numerische Simulation des Laserhärtens kann dagegen schon in der Konstruktionsphase oder bei der Planung der

Bearbeitungsfolge Machbarkeiten und Qualitätstendenzen sehr zeitsparend aufzeigen und frühzeitige Entscheidungen ermöglichen. Eine Fallstudie dazu ist in [114] und [49] wiedergegeben. Sie verknüpft die Simulation der Wärmeleitung, der Kohlenstoffdiffusion und der martensitischen Umwandlungsvorgänge bei der Selbstabschreckung über eine Schnittstelle zur Übernahme der Modelldaten mit dem CAD-System CATIA. Durch die Simulation kann in einem Beispiel nachgewiesen werden, daß ein Laserhärten mit ausreichender Selbstabschreckung an einem Ventilteil nur möglich ist, wenn eine Innenbohrung im laserintegrierten Drehzentrum in Abweichung von der üblichen Bearbeitungsfolge erst nach dem Härten gefertigt wird.

Die Möglichkeiten der laserintegrierten Bearbeitung lassen solche Fragestellungen entstehen. Weiterhin könnten auch durch Härten oder Schweißen induzierte Verzüge und Spannungen in Zukunft berechnet werden, um so Nacharbeiten oder geänderte Bearbeitungsfolgen zur Optimierung frühzeitig zu erkennen.

Aus den dargestellten Zusammenhängen muß abgeleitet werden, daß für das Härten eine ausreichende genaue Simulation sowohl vorhanden ist als auch sinnvoll eingesetzt werden kann. Auf diese Art und Wiese können Wissensdefizite in Bereichen außerhalb der Fertigung schnell und kostensparend aufgearbeitet werden. Für Verfahren wie Schweißen und Schneiden sind mit einer umfangreichen Datenbasis die Extrapolation zu neuen Prozeßparametern möglich und zu empfehlen. Der Aufwand bei der Bahngenerierung erfordert zur effizienten Fertigung eine rechnergestützte Lösung bei allen Verfahren, wie sie beim Schneiden Stand der Technik ist, insbesondere aber bei den volumenorientierten Verfahren wie dem Abtragen.

7 Beurteilung der Realisierungsmöglichkeiten

7.1 Zeitanteile der Laserbearbeitung und Wirtschaftlichkeitsbetrachtungen

Die für eine laserintegrierte Komplettbearbeitung angedachten Laserverfahren werden nach den Tabellen 9, 10, 11 ein Bearbeitungszentrum in sehr unterschiedlichen Anteilen belegen. Die erforderlichen Zusatzinvestitionen für Laserstrahlquellen erfordern einen Zusatznutzen (als **qualitative** Größe in Tabelle 10 angegeben) gegenüber einer hinsichtlich Prozeßraten und Kosten vergleichbaren Fertigung auf mehreren Stationen mit 100 % Auslastung, da bei einer Laserbearbeitung investierte Funktionen des Drehzentrums nicht genutzt werden und bei der Drehbearbeitung eine Laseranlage mit den gleichen Investitionskosten unproduktiv steht. Dabei muß im Sinne der Komplettbearbeitung vorausgesetzt werden, daß das vorhandene Teile- und Stückzahlenspektrum für eine Fertigungslinie mit festem Takt weniger geeignet ist.

	typische Prozeß-geschwindigkeit	typischer Zeitrahmen	Anteil an der Gesamt-bearbeitungszeit [7]
Bohren (Einzelbohrung)	-	0.01 - 2 s	gering
Schneiden [1]	0.1 - 1 m/min	5 - 60 s	gering - mittel
Schweißen [2]	2 - 5 m/min	2 - 10 s	gering - mittel
Härten [3]	0.3 - 1 m/min	2 - 5 s	gering
Beschriften	2 - 200 m/min	2 - 10 s	gering - mittel
Linien-Abtragen [4]	0.5 - 60 m/min	10 - 60 s	mittel
Flächen-Strukturieren [5]	0.1 - 10 mm²/min 0.5 - 60 m/min	1 min und mehr	mittel - hoch
Volumen-Abtrag [6]	0.01 - 1 mm³/min 0.5 - 5 m/min	10 min und mehr	hoch

[1] gepulste Strahlquelle; z. B. Auschnitte an einer Hülse Ø20 mm

[2] nur cw; die Maximalgeschwindigkeit ergibt sich eher durch die Fähigkeiten des Bearbeitungszentrums; z.B. Umfangsnaht an Ø30 mm

[3] bei Drehteilen; bei speziellen Anwendungen an Führungsschienen können auch längere Zeiten vorkommen; Beispiel s. Kap. 5.7

[4] z. B. Laserhonen

[5] z. B. Gleitringdichtung

[6] z. B. Keramikschraube

[7] gering: um 10 %   mittel: um 50 %   hoch: 90 % und mehr

Tabelle 9   Zeitanteile der Laserverfahren an der Gesamtbearbeitungszeit in Drehzentren.

	Anteil an der Gesamt-bearbeitungszeit [1]	Anteil an der Gesamt-investition [2]	erforderlicher Zusatznutzen [3] (qualitativ !)
Bohren (Einzelbohrung)	gering	mittel	31.5%
Schneiden	gering - mittel	mittel	24.5%
Schweißen	gering - mittel	hoch	35.0%
Härten	gering	hoch	45.0%
Beschriften	gering - mittel	gering	17.5%
linienförmiges Abtragen	mittel	gering	12.5%
Flächen-Strukturieren	mittel - hoch	gering	7.5%
Volumen-Abtrag	hoch	gering	2.5%

[1]   gering: um 10 %   mittel: um 50 %   hoch: 90 % und mehr
[2]   gering: bis 25 %   mittel: 25 - 50 %   hoch: 50 % und mehr
[3]   [3] = [1 - [1]] x [2]; Auslastung, Eignung der Kinematik und ausreichende Prozeßraten vorausgesetzt

Tabelle 10   Erforderlicher Zusatznutzen, um die Nichtnutzung entweder des Lasers oder der für die Laserbearbeitung nicht notwendigen Funktionen des Drehzentrums auszugleichen.

Bei einem geringem Anteil an der Gesamtbearbeitungszeit kann ein Lasersystem von mehreren Anlagen genutzt werden und so der erforderliche Zusatznutzen anteilig reduziert werden (time-sharing des Lasers).

Als Nutzbringer stehen zur Verfügung:

- Qualitätserhöhung (Reduktion von Ausschuß, Substitution oder Reduktion von nach-geschalteten Fertigungsschritten),

- erhöhte Prozeßraten und Ausbringung,

- reduzierte Vorrichtungs-, Spannmittel- und Rüstkosten an zusätzlichen Fertigungs-stationen,

- Vermeidung von Nacharbeit (Entgraten, Richten, Entzundern, ...),

- konkurrenzlose Machbarkeit bei speziellen Bearbeitungen,

- Reduktion von Materialfluß und Transportkosten,

- Verkürzung der Durchlaufzeit.

Das Wahrscheinlichkeitsprofil für die Nutzbringer in Tabelle 11 muß so interpretiert werden, daß für die abtragendenVerfahren mit der Machbarkeit als wahrscheinlichem Nutzen die möglichen-

Anwendungen heute erst ansatzweise bekannt sind. Für Bohren und Schneiden in Drehzentren sollten Nischenanwendungen bei geeigneten, speziellen Teilespektren bestehen. Entscheidungen für diese Laserverfahren sind durch konkurrenzlose Bearbeitungsmöglichkeiten bei hohen Prozeßraten gegeben. Eine allgemeine Wirtschaftlichkeitsbetrachtung ist hier nicht möglich.

Bei den Verfahren Schweißen, Härten und Beschriften fällt auf, daß mehrere Nutzbringer mit mittlerer oder hoher Wahrscheinlichkeit belegt sind. Andererseits muß dort auch der höchste anteilige Zusatznutzen erreicht werden. Die möglichen Ansatzpunkte sollen im folgenden diskutiert werden.

	die Wahrscheinlichkeit für ein bestimmtes Verfahren aus Gründen .... als dominierenden Nutzen ist:				
	höherer Qualität	**höherer Prozeß--rate**	**wegfallender Vorrichtungen / Spannmittel**	**reduzierter Nacharbeit**	**konkurrenz-loser Machbarkeit**
Bohren	gering	hoch	gering	gering	mittel
Schneiden	gering	hoch	gering	mittel	gering
Schweißen	hoch	hoch	mittel	hoch	mittel
Härten	hoch	mittel	mittel	hoch	mittel
Beschriften	hoch	hoch	gering	gering	gering
Linien-Abtragen	gering	gering	gering	gering	hoch
Flächen-Strukturieren	gering	gering	gering	gering	hoch
Volumen-Abtrag	gering	gering	gering	gering	hoch

Tabelle 11 Wahrscheinlichkeitsprofil für Nutzbringer bei den einzelnen Laserverfahren.

Dabei muß als Ergebnis von Wirtschaftlichkeitsrechnungen an Produktionsteilen vorausgeschickt werden, daß Machbarkeit, Materialfluß und Durchlaufzeit [9] mit der im allgemeinen praktizierten Maschinenstundenkostenrechnung mit Gemeinkostenzuschlag nicht monetär zu erfassen sind.

---

[9] Eine monetäre Bewertung der Durchlaufzeit über die Kapitalbindung liefert bei den Einzel-Serienkomponenten wegen üblicherweise zu geringen Einzelstückkosten keinen nennenswerten Beitrag.

Für das Beschriften wurde die Diskussion der Wirtschaftlichkeit schon in Kap. 5.5 mit der Argumentation vorweggenommen, daß im Vergleich zu einer konventionellen, üblicherweise verwendeten Laserbeschriftungsstation kaum Mehrinvestitionen anfallen.

Für das Schweißen muß für einen 2 kW Nd:YAG-Laser eine Investition von 360.000,- DM mit zusätzlichen Maschinenstundenkosten um 110 DM/h (im 2-Schicht Betrieb) amortisiert werden. Bei einem Time-Sharing mit 3 Anlagen entfallen dann auf ein Bearbeitungszenrum 120.000,- DM

Ausgangsdaten [*]:

MhK BAZ	MhK Drehen (Nachbearbeitung)	MhK konventionelles Schweißen oder Löten	Stückzahl der Teilefamilie im Jahr
100 - 200 DM/h	50 DM/h	15 - 50 DM/h	100.000 - 1 Mio.

[*] Maschinenstundenkosten aus Abschreibung, Raumkosten, Energie, Personalkosten, und Instandhaltung, jedoch ohne Gemeinkosten

Ausschußreduktion:

Ausschußreduktion in % der Gesamtstückzahl	kumulierte Teilekosten der Ausschußteile im Jahr
1%	3000 - 7000 DM
2%	6000 - 14000 DM

Vorrichtungen, Spannmittel

Varianten	einmalige Einsparung an Vorrichtungen, Spannmittel je Variante	Rüstkosteneinsparung je Variante und Rüsten (Einrichter 50 DM/h)	Anzahl Rüsten im Jahr
5 - 10	500 - 5000 DM	50 - 150 DM	20 - 100
Gesamt:	einmalig	jährlich	
	2500 - 50.000,- DM	1000 - 15.000,- DM	

Einsparung einer Nachbearbeitung:

Dauer Nachbearbeitung (inklusive Teilehandhabung und Rüsten)	Einsparung im Jahr bei obigen Stückzahlen
1 s	2500 - 15.400,- DM
2 s	5000 - 30.800,- DM
5 s	13.000 - 77.000,- DM

Minimale Kostenersparnis in 2 Jahren: **13.000,- DM**
Maximale Kostenersparnis in 2 Jahren: **238.000,- DM**

Tabelle 12   Szenario der Einsparungsmöglichkeiten einer integrierten Laserschweißung bei einer Großserienfertigung von Drehteilen.

Investition und 36,- DM/h Maschinenstundenkosten. Dabei werden eine oder mehrere Anlagen zum konventionellen Schweißen oder Hartlöten eingespart (50.000 - 100.000,- DM, auch eine eventuelle manuelle Bestückung) und es verbleibt eine rechnerische Restinvestition von 20.000 - 70.000,- DM, die durch weitere Einsparungsmöglichkeiten erwirtschaftet werden müssen. Des weiteren kann der Ausschuß des bisherigen Verfahrens um die jeweiligen kumulierten Teilekosten reduziert werden. In Abhängigkeit von der Variantenvielfalt werden Vorrichtungen, Spannmittel und Rüstkosten im Gegensatz zu einer externen Laser-Schweißstation eingespart. Durch weniger Verzug und höhere Genauigkeit des Laserschweißen und der Fertigung in einer Aufspannung kann eventuell eine Nachbearbeitung zur Einhaltung enger und kleiner Toleranzen entfallen. Mit diesen Einsparungsmöglichkeiten spannt das Szenario in Tabelle 12 einen Rahmen der möglichen Kostenersparnis von 13.000 - 237.000,- DM in 2 Jahren auf.

Für das Härten soll vom gleichen Ansatz wie beim Schweißen ausgegangen werden. Beim Ersatz einer Induktionshärtung entfallen Investitionskosten ebenso wie Vorrichtungen und Induktions-spulen. Der größte Hebel zur Kostenreduktion besteht jedoch in einer Reduktion der Kosten der Endbearbeitung (Tabelle 13). Durch den geringeren Verzug und die bessere Lokalisierbarkeit des Laserhärtens kann das Schleifaufmaß bis auf die Hälfte reduziert werden. Bei geeigneten Teilen wird neuerdings auch an einem Ersatz der Schleifbearbeitung durch Hartdrehen gearbeitet - eine Reduktion der anteiligen Stückkosten um bis zu 50 % ist bei Investitionsentscheidungen nach-gewiesen worden. Im Szenario wird deshalb für die Jahreskosten einer Endbearbeitung ein Reduktionspotential von 10 - 50 % angesetzt. Damit variieren die in zwei Jahren einsparbaren Kosten sehr stark mit der Stückzahl und erreichen in der Spitze 1.488.000,- DM, von denen noch 20.000 - 70.000,- DM Restinvestitionskosten für die Laseranlage abgezogen werden müssen.

Beide Szenarien zeigen variable Alternativen, die Investition für einen 2 kW Laser auf drei Bearbeitungsanlagen zu teilen. Eine wirtschaftliche Nutzung eines Lasers auf einem Bearbei-tungszentrum kann bei besonders vorteilhaften Randbedingungen möglich sein. Wenn Laser geringerer mittlerer Leistung einsetzbar sind, werden die Randbedingungen noch wesentlich vorteilhafter.

Die beiden allgemeinen Szenarien werden durch die Investionsentscheidung eines industriellen Herstellers für ein laserintegriertes Drehzentrum zum Schweißen bestätigt. Konkrete Beispiel-rechnungen bei einem anderen Hersteller zum laserintegrierten Härten bestätigen eine Kostenre-duktion um 18 % und eine Amortisationszeit von 1.8 Jahren [115].

In den bisher durchgeführten Wirtschaftlichkeitsbetrachtungen konnten reduzierte Materialflüsse und verkürzte Durchlaufzeiten nicht monetär berücksichtigt werden, obwohl die Vorteile aner-kannt werden. In einer Einbeziehung dieser Faktoren durch eine geeignete Kostenrechnung

(Prozeßkostenkalkulation) liegt ein wesentlicher Schlüssel, um die Wirtschaftlichkeit einer laserintegrierten Bearbeitung bei wesentlich mehr Anwendungsfällen in Zukunft nachweisen zu können.

Ausgangsdaten [*]:

MhK Schleifen oder Hartdrehen (Endbearbeitung)	Stückzahl der Teilefamilie im Jahr
200 DM/h	100.000 - 1 Mio.

[*] Maschinenstundenkosten aus Abschreibung, Raumkosten, Energie, Personalkosten, und Instandhaltung, jedoch ohne Gemeinkosten

Vorrichtungen, Spannmittel

Varianten	einmalige Einsparung an Vorrichtungen, Spannmittel je Variante	Rüstkosteneinsparung je Variante und Rüsten (Einrichter 50 DM/h)	Anzahl Rüsten im Jahr
5 - 10	500 - 5000 DM	50 - 150 DM	20 - 100
Gesamt:	einmalig	jährlich	
	2500 - 50.000,- DM	1000 - 15.000,- DM	

Reduktion des Schleifaufmaßes oder Ersatz durch Hartbearbeitung:
(realistische Kostenreduktion 10 - 50 %)

Dauer Finishbearbeitung (inklusive Teilehandhabung und Rüsten) *vorher*	Jahreskosten *vorher* (obige Stückzahlen)	10 % Kostenreduktion	25 % Kostenreduktion	50 % Kostenreduktion
5 s	29.000 - 352.000 DM	2.900 - 35.200 DM	7.300 - 88.000 DM	14.600 - 176.000 DM
10 s	58.000 - 704.000 DM	5.800 - 70.400 DM	14.600 - 176.000 DM	29.000 - 352.000 DM
20 s	117.000 - 1.408.000 DM	11.700 - 140.800 DM	29.000 - 352.000 DM	58.000 - 704.000 DM

Minimale Kostenersparnis in 2 Jahren: **10.300,- DM**
Maximale Kostenersparnis in 2 Jahren: **1488.000,- DM**

Tabelle 13   Szenario der Einsparungsmöglichkeiten einer integrierten, lokalen Laserhärtung im Vergleich zur einer lokalen Induktionshärtung

7.2   Komplexität der Realisierung

Die bei den Wirtschaftlichkeitsbetrachtungen getroffenen Voraussetzungen verdeutlichen schon einen Teil der Komplexität, die eine wirtschaftliche Anwendung einer laserintegrierten Komplettbearbeitung fordert:

- ausreichende Stückzahlen zur Auslastung über mehre Teile oder Teilefamilien,
- Klärung von Machbarkeitsfragen,
- technologische Komplexität: mit einem Laser sind mehrere, der spanenden Bearbeitung nicht verwandte Technologien anwendbar, z.B. Schweißen, Härten und Schneiden,
- Verkettung mehrerer Anlagen mit einem Laser.

Die Klärung ausreichender Stückzahlen ist eine Aufgabe zur systematischen Klassifizierung, wie sie schon bei der Einführung der Komplettbearbeitung durchgeführt wurde. Zur Beantwortung von Machbarkeitsfragen und zur Beherrschung der technologischen Komplexität stehen Experten zur Verfügung. Die Verkettungsproblematik wird in Diskussionsrunden meist sofort als Problem stilisiert, während jedoch die üblicherweise bei einer Komplettbearbeitung anfallenden Nebenzeiten durch Werkzeugwechsel und Teilehandling die für das Härten und Schweißen notwendigen Zeiten um ein Vielfaches übertreffen.

Die eigentliche Problematik zeigt sich in der Praxis vor allem im Bereich der mittelständisch strukturierten Industrie der Anwender und Hersteller von Bearbeitungszentren. Hier besteht ein großes Defizit an Know-How zu den Möglichkeiten der Lasermaterialbearbeitung selbst. Die internen Konstruktions,- Fertigungs-,Schweiß- oder Härtereiexperten können das Teilespektrum oft nicht auf lasergeeignete Teile hin klassifizieren. Die Qualität und Effizienz eines Prozesses wird oft nicht optimal ausgeschöpft, da bei der Auswahl der Strahlquelle meist nur die Leistung als Kriterium im Vordergrund steht, nicht aber Strahlqualität, Strahlcharakteristik, Polarisation, und Wellenlänge zur Steigerung der Effizienz. Darüber hinaus sind die bestehenden Konstruktionen auf die Möglichkeiten der konventionellen Verfahren hin ausgerichtet. Es kann zwar eine Lötverbindung an Teilkomponenten durch ein Laserschweißen ersetzt werden, aber eine Optimierung einer ganzen Baugruppe mit den Fähigkeiten des Laserverfahrens ist damit nicht möglich. Ein Concurrent Engineering im Zusammenspiel von Konstruktion und Fertigungsplanung wie in der Automobilindustrie ist bei den wesentlich höheren Produktlebenszyklen innerhalb der betrachteten Branchen erst mit wesentlichen Verzögerungen möglich.

Auf der Seite der Laserbearbeitung besteht generell noch ein Wissensdefizit bei der Eignung bestimmer Werkstoffgruppen oder Wärmebehandlungszustände für die einzelnen Laserverfahren. Hier sind z. B. die verschiedenen Automatenstähle als nur bedingt schweißbar (Heißrißbildung durch Schwefelgehalt) bekannt; über die tatsächlichen Bauteilfestigkeiten und Einschränkungen der Betriebszuverlässigkeit stehen keine Aussagen zur Verfügung, während von der Anwenderseite gerade solche Werkstoffe aus Kostengründen beibehalten werden sollen. Solche Fragestellungen werden meist in firmeninternen Veruschsreihen geklärt, deren Ergebnisse der Allgemeinheit nicht zur Verfügung stehen.

Zur Lösung von Realisierungsproblemen sind deshalb im wesentlichen

- Qualifizierungsmaßnahmen interdisziplinärer Expertenkreise aus Konstruktion und Fertigungsplanung auf Anwenderseite sowie aus Vertrieb und Kundenlabor auf Herstellerseite ,
- Schaffung geeigneter Kostenrechnungsverfahren zur Erfassung des Rationalisierungspotentials und
- versuchsorientierte, praxisnahe Einführung von Pilotprojekten

erforderlich. Aus diesen Anforderungen ergibt sich die eigentliche Komplexität im Lösungsansatz der Realisierung - eine Systemlösung [116], bei der mit einem ganzheitlichen Ansatz der gesamte Herstellungsprozeß eines Bauteils eingebunden wird, Bild 84.

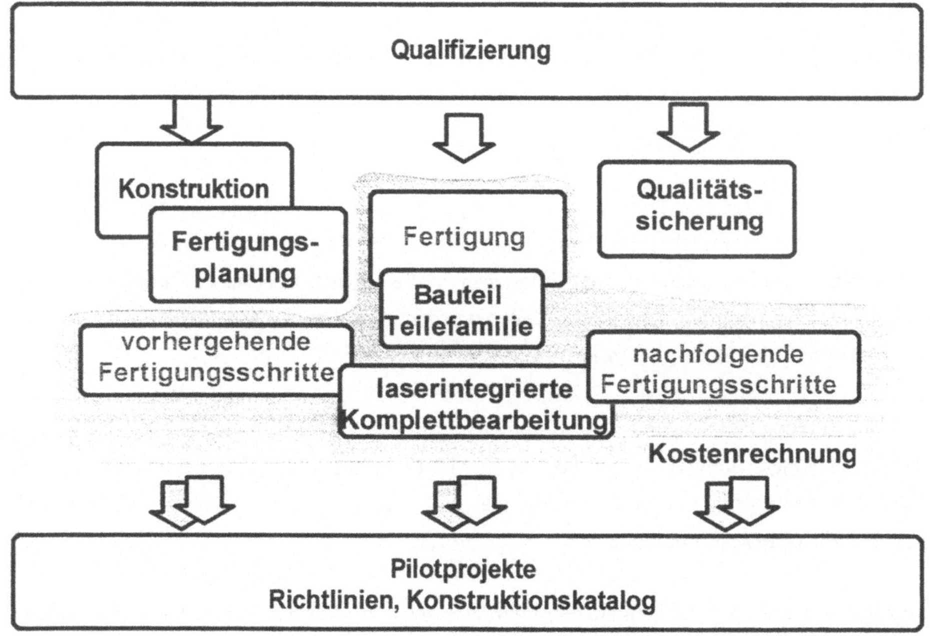

Bild 84 Systemlösung mit ganzheitlicher Sichtweise zur Lösung von Realisierungsproblemen.

8 Zusammenfassung und Ausblick

Mit den dargestellten Grundlagen zur Laserbearbeitung ist die Auswahl eines fasergeführten Festkörperlasers die konsequente Entscheidung unter Berücksichtigung der vielfältigen möglichen, anhand konkreter Realisierungen angedeuteten konstruktiven Integrationslösungen. Mit den drei prinzipiell zur Verfügung stehenden Nd:YAG-Lasern in kontinuierlicher, gepulster oder gütegeschalteter Betriebsart kann eine Vielzahl von Laserapplikationen durchgeführt werden, die in Bezug auf eine spanende Bearbeitung als unterstützende, ergänzende oder zusätzliche Verfahren einsetzbar sind. Insbesondere wurde der Nachweis erbracht, daß jeder Lasertyp mehrere Verfahren durchführen kann.

Als durchführbare Laserverfahren bieten sich vor allem die eingeführten Technologien des Schweißens und Härtens an. Darüber hinaus zeigen sich in dem der Grundlagenforschung entwachsenden Laserabtragen und Strukturieren - in der Form dreidimensionaler Formgebungsmöglichkeiten oder des Entgratens - neue Anwendungsmöglichkeiten in Konkurrenz oder in Ergänzung der spanenden Verfahren. Aber auch die bekannten Verfahren des Schneidens, Bohrens und Beschichtens können angewendet werden.

Besondere Berücksichtigung sollte eine integrierte Laser-Beschriftung finden, die alle Voraussetzungen zur hauptzeitparallelen Anwendung und damit erheblicher Kostensenkungs- und Produktivitätspotentiale bietet.

Als mögliche hauptzeitsequentielle Bearbeitungen bieten sich Fertigungsfolgen in Form einer Kombination der spanenden Bearbeitung mit einer Härtung und Hartbearbeitung oder einer Schweißung mit einer Überarbeitung tolerierter Maße an. Anwendung zur integrierten Fertigbearbeitung von reparaturbeschichteten Teilen wurden im Rahmen dieser Arbeit nicht behandelt, sollten aber in Zukunft möglich sein.

Zur Unterstützung der Anwender existieren zwar Ansätze zu Prozeßmodellen und Datenbanken für das Schneiden, Schweißen und Härten; zur Nutzung und Beherrschung der Möglichkeiten erscheint es heute jedoch noch als unabdingbar, in Form von Pilotanwendungen eigenes firmeninternes Know-How aufzubauen.

Die allgemeinen Wirtschaftlichkeitsbetrachtungen gestützt durch konkrete Untersuchungen zur Einführung des integrierten Härtens und Schweißens bei Anwendern in der Fertigung von Hydraulikventilen zeigen sehr wohl überzeugende Argumentationen für eine laserintegrierte Komplettbearbeitung auf. Dabei fanden lediglich die direkt monetär bewertbaren Einsparungen an Vorrichtungen und Nachbearbeitungen Berücksichtigung. Die als Vorteil propagierten

Aspekte einer Fertigung in einer Aufspannung mit verkürzten Durchlaufzeiten und reduzierten Materialflüssen konnten so bislang nur ansatzweise erfaßt werden.

Die Komplexität durch zu erwartetende Kopplungsprobleme bei der Nutzung eines Lasers auf mehreren Bearbeitungsstationen und die notwendigen, zur Auslastung erforderlichen Stückzahlen stehen anderseits einer Einsatzmöglichkeit entgegen. Diese Bewertung ist jedoch lediglich zum heutigen Zeitpunkt gültig - neue Anwendungsfelder wie z. B. des Laserabtragens und neue, extrem kompakte Strahlquellen wie die Laserdioden als Werkzeug zur direkten Anwendung für das Härten werden Veränderungen bewirken. Die Investitionskosten für eine Laserdiode sind heute schon mit denen einer Nd:YAG-Strahlquelle gleicher Leistung vergleichbar. Durch ihre Kompaktheit ergibt sich ein Werkzeug sehr kleiner Abmessungen, das sehr einfach und platzsparend anstelle der Bearbeitungsoptik eines heutigen Lasers integriert werden kann.

Damit bietet sich in den nächsten Jahren ein weites, innovatives Betätigungsfeld für die Werkzeugmaschinenhersteller und -anwender zur Sicherung ihrer Produktionsstandorte.

9 Literatur

[1] SCHAAL, H.: *Erschließung technischer und organisatorischer Potentiale durch die Komplettbearbeitung auf Drehmaschinen mit Hilfe der Teileanalyse.* Berlin: Springer, 1993. Universität Stuttgart, Diss., 1993.

[2] ROHR, M.: *Automatisierte Technologieplanung am Beispiel der Komplettbearbeitung auf Dreh-/Fräszellen.* Karlsruhe: Institut für Werkzeugmaschinen, 1991. Universität Karlsruhe, Diss., 1991.

[3] K.-F. KOCH: *Hochpräzisionszerspanen mit geometrisch bestimmter Schneide: Band1 - Drehen.* Verbundprojekt Fertigungstechnik des BMFT. Hrsg.: FQS, Frankfurt a. Main. Berlin: Beuth, 1994. (FQS-Schrift 96).

[4] M. LAMBECK: *Heißdrehen: Untersuchungen zum Hartdrehen mit beheizten Keramik-wendeschneidplatten am Beispiel des Stahls C38 mod.* Universität Aachen, Diss. 1994. Aachen: Shaker, 1994.

[5] C. CASSEL: *Einsatzverhalten von Cermet-Schneidstoffen bei der Drehbearbeitung.* Universität Hannover, IFW, Diss. Düsseldorf: VDI, 1994. (Fortschrittsberichte Reihe 2, Nr. 318).

[6] D. AUGUSTIN: *Persönliche Mitteilung zu Untersuchungen der Mannesmann-Rexroth GmbH, 1995.*

[7] N. N.: *Stanzpakettieren und Laserschweißen von geblechten Teilen.* Firmenschrift Bruderer GmbH, 1992.

[8] W. KÖNIG, A. ZABOKLICKI: *Laser-assisted hot machining processes: technological potentials.* In: M. Geiger, F. Vollertsen: Laser Assisted Net Shape Engineering, Erlangen 1994 (LANE'94). Bamberg: Meisenbach, 1994. S. 389-404.

[9] G. CHRYSSOLOURIS: *Laser Machining: Theory and Praxis.* Berlin: Springer, 1991.

[10] G. EBERL, P. HILDEBRAND, M. KUHL, U. SUTOR, H. HÜGEL, E. MEINERS, M. WIED-MAIER, T. ZELLER: *Laserspanen eine neue Technologie zum Abtragen.* Laser und Optoelektronik, 25. Jahrgang, Heft 3/93, S. 80-87.

[11] N.N.: *LASERPRESS - Trumpf pulst sanft aufs Blech.* maschine + werkzeug, 23/1979, S. 22/23.

[12] T. WINSHIP: *First laser/punch press goes to work.* American Machinist, Febr. 1980, S. 100-102.

[13] NN : *Innovation bei Fertigungsverfahren.* Industrie Anzeiger 106 (1984) 56, S. 61-68.

[14] J.-M. WEICK: *Laserschneiden in Verbindung mit Stanzen und Umformen.* DVS - Berichte Nr. 99, S. 90 - 93. Düsseldorf: DVS, 1988.

[15]   N. MIYAKAWA: *Development of a unit-based multiple-production system for sheet metal parts using laser cutting machines in a FMS and CIM network.* Proc. of Laser Materials Processing p. 637 - 671, ICALEO'92, Orlando 1992 - Orlando: LIA, 1993.

[16]   R. KOMANDURI, D. G. FLOM, M. LEE: *Highlights of the DARPA advanced machining research program.* Journal of Engineering for Industry, Nov. 1985, Vol. 107, S. 325-335.

[17]   S. RAJAGOPAL, D. J. PLANKENHORN, V. L. HILL: *Machining aerospace alloys with the aid of a 15 kW laser.* J. Applied Metalworking, Vol. 2 No. 3 July 1982, S. 170-184.

[18]   M. BASS, D. BECK, S. COPLEY: *Laser assisted machining.* SPIE Vol. 164, S. 233-240. Utrecht: Sira, 1978.

[19]   B. R. MACMANUS: *Dynamic effects of machining with alternating current.* Int. J. MACH. TOOL DES. RES., VOL.8, S. 83-96. PERGAMON: *1968.*

[20]   T. KITAGAWA, K. MAEKAWA: *Plasma arc aided machining for difficult-to-cut materials.* Bull. Japan Soc. of Prec. Eng., Vol. 18, No. 4 (Dec. 1984), S. 349/350.

[21]   S. RAJAGOPAL: *Laser assisted machining of tough materials.* Laser Focus, March 1982, S. 49-55.

[22]   B. M. JAU, S. M. COPLEY, M. BASS: *Laser assisted machining.* Proc. of 9th North American Manufacturing Research Conference, 1981.

[23]   M. WECK, H.-G. MAYROSE: *Laserintegration in Bearbeitungsmaschinen.* Industrie-Anzeiger 48/1989, S. 46.

[24]   W. KÖNIG, A. WAGEMANN, H.-G. MAYROSE: *Laserunterstütztes Drehen von heißge-preßtem Siliziumnitrid.* Industrieanzeiger 3/4/1990, S. 38/39.

[25]   S. M. COPLEY, M. BASS, R. G. WILLIAMS: *Shaping silicon compound ceramics with a continious wave carbon dioxide laser.* Proc. of Ceramic Machining and Finishing, Gaithersburg, Md., 1978.

[26]   NN: *Das MAHO LASERCAVING - ungeahnte Dimensionen im Formenbau.* FBM Fertigungstechnologie, Vol. 67, No. 1, 1990, S. 13-16.

[27]   G. CHRYSSOLOURIS: *Stock Removal by Laser Cutting.* US Patent Applications Serial No. 640764, August 1984.

[28]   G. T. FARNUM: *Reinventing the Lathe.* Manufacturing Engineering. June 1986, S. 36-39

[29]   NN: *Laser machining, chunk by chunk.* American Machinist, Febr. 1985, S 79.

[30]   NN: *Vorrichtung zur Werkstückbearbeitung mit Laserstrahlen.* Deutsches Gebrauchsmuster Nr. G/87 01354.1, 30.4.87.

[31]   K.-P. WOLF: *Integrationsmöglichkeiten der Lasertechnik in Fertigungsprozesse des Maschinenbaus.* Laser Materialbearbeitung für den Automobilbau, Holzhay, 1990.

[32]   H. K. TÖNSHOFF, E. U. BESKE: *Flexible Anwendung von kW-Nd:YAG-Lasern.* Proc. of
Laser-Material-Bearbeitung für den Automobilbau, Holzhay, 1990, S. 30-40.

[33]   W. KÖNIG, M. KRAUHAUSEN, H.TRAPPMANN, H. WILLERSCHEID: *Lasermaterialbearbeitung - Systemlösungen für die Produktionstechnologie.* Laser und Optoelektronik 22(3)/1990, S. 54-61.

[34]   M. WECK, H.-G. MAYROSE: *Integration eines Hochleistungslasers zur Wärmebe-
handlung von Oberflächen in eine Drehmaschine.* Vertraulicher Abschlußbericht zum
Forschungsvorhaben TRAUB AG, Aachen: IPT, 1992. (Persönliche Mitteilung W. von
Zeppelin).

[35]   G. TESCHAUER, R. WÄTZIG, J. DRECHSEL: *Verfahrenskombination Laser- und spanende
Bearbeitung in Werkzeugmaschinen.* dima 10/91, S. 30-32.

[36]   F. WIESNER: *Laserintegration in ein CNC-Dreh-Fräszentrum: Präzision im Laserlicht.*
BETRIEBSTECHNIK 3/94, S. 56/57.

[37]   H. HÜGEL: *Strahlwerkzeug Laser: Eine Einführung.* Stuttgart: Teubner, 1992 (Teubner
Studienbücher Maschinenbau).

[38]   D. BIMBERG: *Laser in Industrie und Technik.* Sindelfingen: expert, 1985 (Kontakt und
Studium; Bd. 13)

[39]   F. KNEUBÜHL, M. SIGRIST: *Laser.* Stuttgart: Teubner, 1989 (2. Aufl.).

[40]   P. MICHL: *Beschriften mit Lasern.* Düsseldorf: VDI, 1992.

[41]   R. L. BURNHAM, G. WITT, D. DIBIASE, K. LE, W. KOECHNER: *Diode-pumped solid
state lasers with kilowatt average power.* SPIE 2206, S. 489-498, Wien 1994.

[42]   N.N.: *Produktinformation 100 W Diodenlaser.* Fisba-Optik: St. Gallen, 1995.

[43]   N.N.: *Produktinformation - metallischer Hohlleiter für CO_2-Laser bis 1kW.* Hitachi:
1991.

[44]   N.N.: *Produktinformation flexible Strahlführung für CO_2-Laser als Linsenkette.* GFO:
1993.

[45]   G. SCHRÖDER: *Technische Optik: Grundlagen und Anwendungen.- 7. Aufl. -
Würzburg:* Vogel, 1990.

[46]   H. NAUMANN, G. SCHRÖDER: *Bauelemenete der Optik: Taschenbuch für
Konstrukteure.* München: Hanser, 1990.

[47]   T. RUDLAFF: *Arbeiten zur Optimierung des Umwandlungshärtens mit
Laserstrahlen.*Universiät Stuttgart, Dissertation, 1993. Stuttgart: Teubner, 1993 (Laser
in der Materialbearbeitung Forschungsberichte des IFSW).

[48]   N.N.: *Präzisionsbearbeitung mit Festkörperlasern: Oberflächenbearbeitung.* VDI-
Technologiezentrum Physikalische Technologien (Hrsg.); Düsseldorf: VDI, 1995.

(Laser in der Materialbearbeitung - Band 4).

[49]   W. BLOEHS: *Laserstrahlhärten mit angepassten Strahlformungssystemen.* Universität Stuttgart, Dissertation 1996. Stuttgart: Teubner, 1996 (Laser in der Materialbearbeitung Forschungsberichte des IFSW).

[50]   H. S. CARSLAW, J. C. JÄGER: *Conduction of Heat in Solids.* Oxford: Science Publ., 1959 (reprint of 2nd ed., 1990).

[51]   W. W. DULEY: *Laser Processing and Analysis of Materials.* New York: Plenum Press, 1983.

[52]   F. DAUSINGER: *Strahlwerkzeug Laser: Energieeinkopplung und Prozeßeffektivität.* Universität Stuttgart, Habilitationsschrift, 1995. Stuttgart: Teubner, 1995 (Laser in der Materialbearbeitung Forschungsberichte des IFSW)

[53]   M. BECK: *Modellierung des Laserstrahltiefchweißens.* Universiät Stuttgart, Dissertation, 1995. Stuttgart: Teubner, 1995 (Laser in der Materialbearbeitung Forschungsberichte des IFSW).

[54]   F. WEVER, A. ROSE: *Atlas zur Wärmebehandlung der Stähle.* Düsseldorf: Stahleisen m.b.H., 1961.

[55]   D. LIEDTKE, R. JÖNNSSON: *Wärmebehandlung: Grundlagen und Anwendungen für Eisenwerkstoffe.* Ehningen: Expert, 1991. (Kontakt & Studium: Bd. 349).

[56]   W. AMENDE: *Härten von Werkstoffen und Bauteilen des Maschinenbaus mit dem Hochleistungslaser.* Düsseldorf: VDI, 1985 (Technologie aktuell, Bd. 3)

[57]   E. GEISSLER: *Mathematische Simulation des temperatur-geregelten Laserstrahlhärtens und seine Verifikation an ausgewaehlten Staehlen.* Erlangen-Nürnberg, Univ., Diss., 1993.

[58]   C. MEYER-KOBBE: *Randschichthärten mit Nd: YAG- und CO_2-Lasern.* Universität Hannover, Dissertation, 1993. Düsseldorf : VDI-Verl., 1993. (Fortschritt-Berichte VDI. Reihe 2)

[59]   T. RUDLAFF: *Arbeiten zur Optimierung des Umwandlungshärtens mit Laserstrahlen.* Universiät Stuttgart, Dissertation, 1993. Stuttgart: Teubner, 1993 (Laser in der Materialbearbeitung Forschungsberichte des IFSW).

[60]   D. BURGER: *Beitrag zur Optimierung des Laserhärtens.* Universität Stuttgart, Dissertation, 1988.

[61]   K. KOAI, R. DAMASCHEK, H. W. BERGMANN: *Heat transfer in laser hardening of rotating cylinders.* In: Transport Phenomena in Nonconventioneal Manufacturing and Materials Processing. ASME, 1993.

[62]   P. SCHÄFER, E. KAISER: *Feinschneiden mit Festkörperlaser.* In: VDI-Seminar BW33-11-04 "Der Laser als Werkzeug in der Feinwerk- und Mikrotechnik". Düsseldorf: VDI, 1995.

[63]   P. KUBIENA: *Robotergeführtes Laserstrahlschweißen mit cw Nd:YAG-Laser.* Universität Stuttgart, IFSW, Studienarbeit 94-37, 1994.

[64]   J. WEICK: *Persönliche Mitteilung - Datenblätter zum Laserschweißen mit den Strahlquellen TLF 2600, TLF 3000 HQ und TLF 6000 der Trumpf Laser GmbH, 1994.*

[65]   C. GLUMANN: *Erhöhte Prozeßsicherheit und Qualität durch Strahlkombination beim Laserschweißen.* Universiät Stuttgart, Dissertation, 1996. Stuttgart: Teubner, 1996 (Laser in der Materialbearbeitung Forschungsberichte des IFSW).

[66]   F. DAUSINGER, F. FAISST: *Persönliche Mitteilungen zu Vergleichsversuchen am IFSW zur Prozeßsicherheit bei Großserienteilen.*

[67]   J. RAPP: *Laserschweißeignung von Aluminiumwerkstoffen für Anwendungen im Leichtbau.* Universität Stuttgart, Dissertation, 1996. Stuttgart: Teubner, 1996 (Laser in der Materialbearbeitung Forschungsberichte des IFSW)

[68]   N. N.:*Qualitätssicherung von CO_2-Laserstrahlschweißarbeiten - Laserstrahlschweißeignung von metallischen Werkstoffen.* Merkblatt DVS 3203 Teil 3. Düsseldorf: DVS, 1990).

[69]   D. RADAJ: *Laserschweißgerechtes Konstruieren.* Daimler Benz: Stuttgart, 1993.(Forschungsbericht Forschung und Technik)

[70]   N. N.: *Laser-Beschrifter für Automobil- und Elektronik-Industrie: LASER Sept.* 1991, S. 272.

[71]   N.N.: *Laser-Texturierung bei Krupp.* LASER, Februar 1992, S. 22.

[72]   H. GRIMM, W. LANG, K.-H. BERGEN. E. LANG, U. KLINK: *Honverfahren zur Feinbearbeitung von Werkstückoberflächen.* Offenlegungsschrift EP 565742, 20.10.93, Maschinenfabrik Gehring GmbH & Co.

[73]   M. WIEDMAIER, M. BRANDNER: *Zwischenbericht 1/95 zum Landesprojekt Laserintegrierte Fertigung (LaiF).* Universität Stuttgart, IFSW, 1995.

[74]   J. ARNOLD, G. MÜLLER, H. SCHNEIDER, H.-K. MÜLLER, H. HÜGEL: *Herstellung von Mikrostrukturen in SiC-Gleitringen mit dem Excimerlaser.* Laser und Optoelektronik 25(6)/1993, S. 66-70.

[75]   E. MEINERS, M. WIEDMAIER, F. DAUSINGER: *Abtragende Bearbeitung von Hartstoffen mit Nd:YAG-Lasern.* Abschlußbericht zum BMFT Verbundprojekt "Abtragen und Bohren mit Festkörperlasern". Stuttgart: IFSW, 1993.

[76]   B. LÄSSIGER, H.-G. TREUSCH: *Definierter Materialabtrag mit Festkörperlasern.* Abschlußbericht zum BMFT Verbundprojekt "Abtragen und Bohren mit Festkörperlasern". Aachen: ILT, 1993.

[77]   H. HAFERKAMP, D. SEEBAUM: *Material Removal on Tool-steel Using High Power CO_2-Lasers.* In: M. Geiger, F. Vollertsen: Laser Assisted Net Shape Engineering, Erlangen 1994 (LANE'94). Bamberg: Meisenbach, 1994. S. 411-426.

[78]   E. MEINERS: *Abtragende Bearbeitung von Keramiken und Metallen mit gepulsten Nd:YAG-Lasern als zweistufiger Prozeß.* Universiät Stuttgart, Dissertation, 1995. Stuttgart: Teubner, 1995 (Laser in der Materialbearbeitung Forschungsberichte des IFSW).

[79]   N. N.: *Produktinformation zur MAHO LASERCAV.* Pfronten: Maho AG, 1994.

[80]   J. RUOFF: *Spanendes Abtragen mit gepulstem Nd:YAG-Laser am Industrieroboter.* Studienarbeit 93-19, IFSW, Universität Stuttgart. IFSW: Stuttgart, 1993.

[81]   J. RUOFF: *Optimierung des spanenden Abtragens an der MAHO Lasercav mit dem CO_2-Laser.* Diplomarbeit 93-58, IFSW, Universität Stuttgart. IFSW: Stuttgart, 1993.

[82]   T. ZELLER: *Technologieentwicklung zum reaktiven Abtragen mit CO_2-Lasern.* Diplomarbeit 92-39, IFSW, Universität Stuttgart. IFSW: Stuttgart, 1992.

[83]   J. KÖHLER: *Effizienzsteigerung beim reaktiven Abtragen mit dem CO_2-Laser an der MAHO Lasercav.* Diplomarbeit 93-38, IFSW, Universität Stuttgart. IFSW: Stuttgart, 1993.

[84]   B. ANGSTENBERGER: *Reaktives Abtragen von Stahl mit cw-Nd:YAG-Festkörperlasern verschiedener Leistungsklassen.* Studienarbeit 93-57, IFSW, Universität Stuttgart. IFSW: Stuttgart, 1993.

[85]   H. J. ROHDE, P. VERBOVEN, F. DAUSINGER: *Mikrobohren mit Einzelpuls-Nd:YAG Laser.* Proc. LASER '95:Schlüsseltechnologie Laser - Herausforderung an die Fabrik 2000. Bamberg: Meisenbach, 1995.

[86]   F. VON ALVENSLEBEN: *Herstellung von Mikrobohrungen mit dem Nd: YAG-Laser.* Diss. Universität Hannover, 1993. Düsseldorf: VDI, 1994 (Fortschritt-Berichte VDI : Reihe 2, Fertigungstechnik ; 309).

[87]   H. K. TÖNSHOFF, F. VON ALVENSLEBEN:*Herstellung von Fein- und Mikrobohrungen mit dem Festkörperlaser.* Abschlussbericht zum Verbundprojekt 13 N 5755 "Abtragen und Bohren mit Festkörperlasern". Hannover: Laser Zentrum Hannover, 1993.

[88]   R. SCHMIDT-HEBBEL: *Laserstrahlbohren durchflussbestimmender Durchgangslöcher.* Erlangen, Nuernberg, Univ., Diss., 1993. München: Hanser, 1994. (Bericht aus dem Lehrstuhl für Fertigungstechnologie Univ.-Professor Dr.-Ing. Manfred Geiger, LFT)

[89]   R. LEYER, U. KIWIUS: *Bohren feinster Löcher kleiner 80 μm in Diamant.* Broschüre Abschlußpräsentation "Abtragen und Bohren mit Festkörperlasern" 24.3.1993. Düsseldorf: VDI, 1993.

[90]   N.N.: *Laser-Technik erweitert Komplettbearbeitung in CNC-Drehzentren.* Presseinformation TNC 30, EMO 10/93. Traub AG, Reichenbach: 1993.

[91]   R. FISCHER, R. KLEIN, R. POLZIN, R. PROPAWE, K. ZIMMERMANN: *Transfer of laser processing developments into industrial applications.* In: Proc. of ICALEO '92, LIA Vol. 75, S. 475-481. Orlando: LIA, 1993.

[92]   T. RUDLAFF, K. KRASTEL, J. DRECHSEL: *Integration von Lasern in Werkzeugmaschinen.* Laser und Optoelektronik **26**(2)/1994, S. 245.

[93]   A. LIPPERT-HERTLE: *Integration eines Nd:YAG-Lasers in ein Bearbeitungszentrum.* Studienarbeit IFSW 95-03, Universität Stuttgart 1995.

[94]   R. IFFLÄNDER: *Persönliche Mitteilung zur Faser-Kopplungsoptik der Fa. Haas.* Schramberg, 1995.

[95]   N. N.: *Produktinformation GRAPHOLAS System.* Baasel Scheel Lasergraphics: Itzehoe, 1995.

[96]   R. NIETHAMMER: *Integration des Lasers in bestehende Werkzeugmaschinen.* Studienarbeit IFSW 91-21 Universität Stuttgart 1991. IFSW: Stuttgart, 1991.

[97]   C. BACHER: *Neukonstruktion eines Optikkopfes zur Aufnahme im Werkzeugwechselsystem eines Drehzentrums.* Studienarbeit IFSW 93-04, Universität Stuttgart 1993. IFSW: Stuttgart, 1993.

[98]   J. RUOFF, H. EICH, J. SIGEL: *Ansteuerung eines Q-Switch-YAG-Lasers mit der Drehgeberkarte Heidenhain PC120.* Interner Bericht IFSW, 1993.

[99]   N. N.: *Laserstrahlung (VBG 93).* Hauptverband der gewerblichen Berufsgenossenschaften (Hrsg.). Köln: Carl Heymanns, 1988.

[100]   P. DAHLKE: *Konstruktion einer YAG-Laseroptik für ein Drehzentrum INDEX G200 mit Y/B-Achse.* Diplomarbeit 94-26, IFSW, Universität Stuttgart. IFSW: Stuttgart, 1994.

[101]   P. DAHLKE: *CNC-programmiertes Abtragen in einem Drehzentrum mit integriertem Nd:YAG-Laserwerkzeug.* Studienarbeit 93-21, IFSW, Universität Stuttgart. IFSW: Stuttgart, 1993.

[102]   S. WOLFRUM: *Einsatz des Laserspanens mit einem 50 W cw Nd:YAG-Lasers zum Kantenbrechen.* Studienabeit 94-66, IFSW, Universität Stuttgart. IFSW: Stuttgart, 1994.

[103]   J. DIENERT: *Reaktives Entgraten mit einem Nd:YAG-Laser.* Studienarbeit 95-17, IFSW, Universität Stuttgart. IFSW: Stuttgart, 1995.

[104]   T. HEIM: *Bohren von Ck45 mit fasergeführtem Nd:YAG-Laser.* Studienarbeit 94-43, IFSW, Universität Stuttgart. IFSW: Stuttgart, 1994.

[105]   N.N.: *Datenblatt zur Drehgeberkarte IC 120.* Heidenhain GmbH, 1993.

[106]   U. HAAG: *Gepulstes Schweißen im Drehzentrum Index GS30 mit fasergeführtem Nd:YAG-Laser.* Studienarbeit 93-23, IFSW, Universität Stuttgart. IFSW: Stuttgart, 1993.

[107]   T. UNGER: *Laserschweißen mit gepulstem Nd:YAG-Laser.* Studienarbeit 92-17, IFSW, Universität Stuttgart. IFSW: Stuttgart, 1992.

[108]   N.N.: *1000 W cw Nd:YAG-Laser mit 0,3 mm Faser.* Produktinformation OEM-Geräte, HAAS Laser GmbH, Schramberg: 1995.

[109]   J. KLEIN: *Laserschweißen einer Magnetschlußhülse im Drehzentrum.* Studienarbeit 95-9, IFSW, Universität Stuttgart. IFSW: Stuttgart, 1995.

[110]   H. HERTNECK: *Verfahrenskombination Laser-Härten und Hartdrehen in einem laserintegrierten Drehzentrum.* Studienarbeit 95-22, IFSW, Universität Stuttgart. IFSW: Stuttgart, 1995.

[111]   N.N.: *MAHO LASERCAV mit Programmiersystem LCPS.* Produktinformation MAHO AG, Pfronten, 1994.

[112]   J. WENTZLAFF: *Möglichkeiten zur Anpaßung des CATIA-Moduls NC-Mill an die Laserbearbeitung.* Sudienarbeit 96-12, IFSW, Universität Stuttgart: 1996.

[113]   A. BEU: *Generierung eines CAM-Moduls unter CATIA zur Offline-Programmierung einer 5-Achsen-Laserschneidanlage zur Bearbeitung von Blechformteilen.* Studienarbeit 94-54, IFSW, Universität Stuttgart: 1995.

[114]   M. BECK, W. BLOEHS: *Computer-Aided Optimization of Laser-Hardening in a Turning Machine.* Proc. of LANE '94, Vol. 1, S. 253-260. Bamberg: Meisenbach, 1994.

[115]   S. SETZER: *Kosten- und Nutzenbetrachtung bei der laserintegrierten Komplettbearbeitung.* Studienarbeit IFSW-95-4, Universität Stuttgart. IFSW: 1995.

[116]   N. N.: *Vom Prozeß zum Produkt - Systemlösungen in der Lasertechnik.* Broschüre zum Workshop am 24.3.1995, VDI-TZ: Düsseldorf, 1995.

Danksagung

Viele Köche verderben den Brei, doch Ausnahmen bestätigen die Regel.

Bei dieser Arbeit haben viele Personen des IFSW wie auch Mitarbeiter und Führungskräfte interessierter Unternehmen durch ihr motivierendes Interesse, kritische Kommentierung und aktive Unterstützung mitgewirkt - ihnen möchte ich an dieser Stelle meinen besonderen Dank aussprechen:

- Professor Dr.-Ing. habil. H. Hügel für die Betreuung und Förderung meiner Arbeit, nachdem er mich durch seine packende und begeisternde Lehre aus dem traditionellen Maschinenbau in das faszinierende Gebiet der Lasertechnik entführt hat,
- Professor Dr.-Ing. Dr. hc. Heisel für die Übernahme des Mitberichts und seine kritischen Anmerkungen aus der Sicht des Entwicklers und Forschers der Werkzeugmaschinen,
- Priv.-Doz. Dr. rer. nat. habil. F. Dausinger für die langjährige Betreuung, Führung, Förderung und Vorbildfunktion sowie seine Vermittlung der industriellen Denk- und Arbeitsweise,
- Dr.-Ing. T. Rudlaff für sein entscheidendes Engagement bei industriellen Partnern und öffentlichen Geldgebern um die Finanzierung und Realisierung der umfangreichen Projekte, innerhalb denen diese Arbeit ermöglicht wurde,
- Dr.-Ing. E. Meiners, Dr.-Ing. W. Bloehs und den Kollegen am Institut sowie Dipl.-Ing. K. Krastel, Dipl.-Ing. J. Drechsel und Dipl.-Ing. M. Haag am ZFS für die ungewöhnlich offene, hervorragende Zusammenarbeit und Weiterführung der Ideen,
- Herrn Hennig, Herrn Frank, Herrn Esser und ihren Mitarbeiten, die Technik, Wasser, Strom, Stahl, Aluminium, Kupfer und Silizium in geeigneter und repräsentativer Form zum Leben erweckten,
- den beteiligten Mitarbeitern der Firma Index für ihre langjährige Unterstützung, den Herren Dipl.-Ing. Augustin und Dipl.-Ing. Hess (Mannesmann Rexroth), Dipl-Ing. W. von Zeppelin (Traub), Dipl.-Ing. Pesch (Herion AG) und Dipl.-Ing. Klink (Gehring), die in entscheidenden Phasen durch Interesse und industrielle Umsetzung motivierten,
- den vielen Studien- und Diplomarbeitern, insbesondere Herrn C. Bacher, J. Ruoff, U. Haag, P. Dahlke, S. Wolfrum, H. Hertneck und J. Klein, die mit ihrem Einsatz einige Klippen zu meistern halfen,
- meinen Eltern und Großeltern für die langjährige und geduldige Unterstützung,
- ganz besonders aber meiner Frau Birgit, die über lange Jahre, viele Wochenenden und Urlaubstage hinweg meine Beschäftigung mit dieser Arbeit erduldet und ermöglicht hat.

Friolzheim, 21.5.97